T0222426

BestMasters

Mit „BestMasters" zeichnet Springer die besten Masterarbeiten aus, die an renommierten Hochschulen in Deutschland, Österreich und der Schweiz entstanden sind. Die mit Höchstnote ausgezeichneten Arbeiten wurden durch Gutachter zur Veröffentlichung empfohlen und behandeln aktuelle Themen aus unterschiedlichen Fachgebieten der Naturwissenschaften, Psychologie, Technik und Wirtschaftswissenschaften. Die Reihe wendet sich an Praktiker und Wissenschaftler gleichermaßen und soll insbesondere auch Nachwuchswissenschaftlern Orientierung geben.

Springer awards "BestMasters" to the best master's theses which have been completed at renowned Universities in Germany, Austria, and Switzerland. The studies received highest marks and were recommended for publication by supervisors. They address current issues from various fields of research in natural sciences, psychology, technology, and economics. The series addresses practitioners as well as scientists and, in particular, offers guidance for early stage researchers.

Stephanie Kasparek

Der Garten der Unendlichkeit

Ein Projekt zur Erforschung der
Unendlichkeit in der Sekundarstufe I

 Springer Spektrum

Stephanie Kasparek
Bonn, Deutschland

Diese Arbeit wurde von der Autorin im Juli 2019 zur Erlangung des akademischen Grades „Master of Education" am Institut für Mathematik der Humboldt-Universität zu Berlin bei Dr. Luise Fehlinger und Prof. Dr. Andreas Filler eingereicht.

ISSN 2625-3577   ISSN 2625-3615 (electronic)
BestMasters
ISBN 978-3-658-43676-6   ISBN 978-3-658-43677-3 (eBook)
https://doi.org/10.1007/978-3-658-43677-3

Die Deutsche Nationalbibliothek verzeichnet diese Publikation in der Deutschen Nationalbibliografie; detaillierte bibliografische Daten sind im Internet über http://dnb.d-nb.de abrufbar.

Planung/Lektorat: Marija Kojic
Springer Spektrum ist ein Imprint der eingetragenen Gesellschaft Springer Fachmedien Wiesbaden GmbH und ist ein Teil von Springer Nature.
Die Anschrift der Gesellschaft ist: Abraham-Lincoln-Str. 46, 65189 Wiesbaden, Germany

Das Papier dieses Produkts ist recyclebar.

Inhaltsverzeichnis

Einleitung

1

Die Idee, dass sich SchülerInnen mathematische Inhalte über eine Erzählung erschließen, entstand im Rahmen eines fachdidaktischen Hauptseminars an der Humboldt-Universität zu Berlin, in dem wir unter anderem aufgefordert wurden, Vernetzungsaufgaben zu Themen sowie Jahrgangsstufen unserer Wahl zu verfassen. Das Modul *Panorama der Mathematik*, das Herr Prof. Dr. Günter M. Ziegler im Wintersemester 2017/18 an der Freien Universität Berlin anbot und ich im Rahmen meines Masterstudiengangs studierte, weckte mein Interesse an der Genese des Unendlichkeitsbegriffs in der Mathematik und daraus resultierend entstand mein Wunsch, diesen komplexen akademischen Stoff – didaktisch angemessen aufbereitet – SchülerInnen der Jahrgangsstufe I zu vermitteln. Im Hintergrund dieses Wunsches steht mein Anliegen, Mathematik als lebendige und in Ausschnitten nachvollziehbare Wissenschaft darzustellen und damit einen Beitrag zu leisten, sie von ihrem Image als trockene, langweilige und unkreative Disziplin zu befreien – das ihr im Schulkontext leider noch immer häufig anhaftet.

Im Kontext dieser Einflüsse entstand die Erzählung *Der Garten der Unendlichkeit*, zunächst als kleines Buch konzipiert, und dann davon ausgehend die Idee, aufbauend auf den Inhalten dieser Geschichte eine Unterrichtsreihe zu generieren, um die Unendlichkeit im Rahmen eines Projektes mit SchülerInnen zu erforschen. Die Erzählung selbst sowie das dazu entwickelte Arbeitsmaterial sind im elektronischen Zusatzmaterial einsehbar. (siehe Fußzeile)

Ergänzende Information Die elektronische Version dieses Kapitels enthält Zusatzmaterial, auf das über folgenden Link zugegriffen werden kann https://doi.org/10.1007/978-3-658-43677-3_1.

Dankenswerterweise traf ich auf experimentierfreudige KollegInnen, die es mir möglich machten, meinen Plan in die Tat umzusetzen, und so durfte ich mich Ende Januar 2019 mit den SchülerInnen der 7. Klasse eines Neuköllner Gymnasiums und Anfang Februar 2019 mit den SchülerInnen der 6. Klasse eines Kölner Gymnasiums auf die Reise in den *Garten der Unendlichkeit* begeben. Die KollegInnen ließen mir dabei in der Planung und Umsetzung der Unterrichtsreihe alle Freiheiten – und standen mir vor und während ihrer Durchführung mit Rat und Tat zur Seite.

Diese Arbeit umfasst die Planung, Durchführung und Analyse der Unterrichtsreihe. Unter der Überschrift *Planung der Unterrichtsreihe* sind in diesem umfangreichsten Kapitel der Arbeit die Sachanalyse sowie mathematikdidaktische Aussagen zum Inhalt des Projektes zu finden. Außerdem beinhaltet dieses Kapitel die Reihenplanung sowie die einzelnen Stundenplanungen und eine Darlegung meiner grundsätzlichen didaktisch-methodische Entscheidungen.

Das Kapitel *Durchführung der Unterrichtsreihe* berichtet von den Gegebenheiten, die ich an den beiden Schulen vorfand und ermöglicht es der LeserIn, sich einen Eindruck von den beiden zu unterrichtenden Klassen zu verschaffen.

Im letzten Kapitel *Analyse der Durchführung der Unterrichtsreihe vor dem Hintergrund der beiden Erprobungen* berichte ich von meinen Erfahrungen, die ich während der beiden unterrichteten Einheiten machte und stelle die von den SchülerInnen erarbeiteten Ergebnisse und Gedankengänge dar.

In einem Fazit am Ende der Arbeit äußere ich mich abschließend zu der Frage, ob ich das Vorhaben, diese akademischen Inhalte SchülerInnen der Sekundarstufe I vermitteln zu wollen, prinzipiell als sinnvoll und in meiner konkreten Planung als gelungen erachte.

Planung der Unterrichtsreihe

2

Ein von mir angeführtes Argument, warum die Unendlichkeit im Unterricht der Sekundarstufe I explizit thematisiert werden soll, bezieht sich auf das genetische Prinzip. Dieses besagt, dass Mathematik nicht als ein Fertigprodukt gelehrt werden sollte, sondern dass Lernende einen Einblick in die problemgeschichtliche Entwicklung der Mathematik erhalten sollen.[1] Mein konkretes Argument lautet also, dass der Begriff der Unendlichkeit, dessen Konzept jahrhundertelang Gegenstand massiven mathematischen Ringens unter den Wissenschaftlern war, aus genau diesem Grund in der Schulmathematik thematisiert werden sollte.

2.1 Sachanalyse

Auf das eben erwähnte genetische Prinzip komme ich im Abschnitt 2.2.1.1 zurück. An dieser Stelle meiner Arbeit möchte ich eben jenes Ringen der MathematikerInnen um den Begriff der Unendlichkeit chronologisch darstellen, indem ich einige Meilensteine der Entwicklungsgeschichte des mathematischen Unendlichkeitsbegriffs skizziere. Manche dieser Ideen und Gedanken finden sich in meinen Unterrichtsplanungen zum *Garten der Unendlichkeit* wieder.

---

[1] vgl. Greefrath, Oldenburg, Siller, Ulm, Weigand, *Didaktik der Analysis, Aspekte und Grundvorstellungen zentraler Begriffe*, Springer Berlin, Heidelberg 2016, S. 140. (Im Weiteren als *Didaktik der Analysis* abgekürzt.)

Ergänzende Information Die elektronische Version dieses Kapitels enthält Zusatzmaterial, auf das über folgenden Link zugegriffen werden kann https://doi.org/10.1007/978-3-658-43677-3_2.

2.1.1 Der Unendlichkeitsbegriff in der Antike

Bereits der antike Denker Aristoteles arbeitet in seinen Physikvorlesungen heraus, dass neben dem unendlich Großen auch das unendlich Kleine existiert. Er hält fest, dass in der Konsequenz auch endliche Größen unendlich teilbar sein müssen.[2] Etwa 100 Jahre zuvor irritierte der Vorsokratiker Zenon von Elea mit seinen zahlreichen Paradoxien zur Unendlichkeit, die als Startschuss einer Jahrtausende andauernden Auseinandersetzung mit dem Begriff der Unendlichkeit betrachtet werden. Seine Annahme, dass unendliche Teilbarkeit möglich ist, führt die Gelehrten zu der Frage, wie diese Idee mit der Tatsache, dass Bewegung möglich ist, vereinbart werden kann. Der Zusammenhang lässt sich durch das folgende Paradoxon von Zenon veranschaulichen: Um eine Strecke zurückzulegen, muss ein Läufer immer erst die Hälfte der Strecke zurücklegen. Aber wenn sich eine Strecke unendlich oft teilen lasse, so argumentiert Zenon, müsse der Läufer unendliche viele Teilstrecken überwinden, um an sein Ziel zu gelangen, und könne dieses folglich nie erreichen.[3]

Aristoteles nennt zwei Modalitäten der Unendlichkeit, die die Auseinandersetzung mit dem abstrakten Begriff bis in das 19. Jahrhundert hinein prägen: Er unterscheidet das aktual Unendliche vom potentiell Unendlichen.

Die potentielle Unendlichkeit „ist nur in der Vorstellung vorhanden und zeigt sich in der Möglichkeit einer fortwährenden – unendlich häufigen – Wiederholung einer Handlung, also in der Möglichkeit der Vorstellung eines unendlichen Prozesses, etwa beim Fortschreiten der Zeit, beim fortlaufenden Zählen oder beim fortlaufenden Teilen eines räumlichen Gebildes. Da die unendliche Gesamtheit aber niemals vollkommen ‚durchlaufen‘ werden kann, ist das Unendliche in diesem Sinn nicht wirklich vorhanden.“[4]

Beim aktual Unendlichen hingegen liegt das Ergebnis eines unendlichen Prozesses vor, der „gedankliche Abschluss eines unendlichen Prozesses, zum Beispiel die Menge $\{1, 2, 3, \ldots\}$ aller natürlichen Zahlen“.[5]

Nach Aristoteles kann sich eine Größe in der Natur – aber auch in der Mathematik – stets nur potentiell ausweiten, denn „das Unendliche gibt es (nur) im Modus der Möglichkeit. Tatsächlich realisieren ließe sich die Unendlichkeit also

---

[2] Vgl. *Aristoteles Werke in deutscher Übersetzung*, Band 11, Physikvorlesung, 5. Auflage, herausgegeben von Hellmut Flashar, Akademie-Verlag, Berlin 1989, S. 76 (Buch III, Kapitel 6, 206 b).

[3] Vgl. *Die Vorsokratiker*, ausgewählt, übersetzt und erläutert von Jaap Mansfeld und Oliver Primavesi, Reclam, Stuttgart 2012, S. 345.

[4] *Didaktik der Analysis*, S. 74.

[5] *Didaktik der Analysis*, S. 74.

weder im Großen noch im Kleinen, so Aristoteles, weswegen er eine Existenz von aktualer Unendlichkeit in Natur und Mathematik ausschließt. Diese Einschätzung teilen viele Gelehrte von der Antike bis ins Mittelalter – und aus diesem Grund beschränken sich die mathematischen Arbeiten zur Unendlichkeit dieser Zeit zumeist auf die Untersuchung potentiell unendlicher Größen.

Die Vorsicht, mit der die Gelehrten der Antike der aktualen Unendlichkeit begegneten, erkennt man beispielsweise in Euklids Aussage über die Unendlichkeit von Primzahlen: „Es gibt mehr Primzahlen als jede vorgegebene Anzahl von Primzahlen."[6]

Statt direkt anzunehmen, dass es unendlich viele Primzahlen gibt, formuliert er eine Aussage, deren Annahme und Beweis auskommt, ohne eine aktual unendliche Menge von Primzahlen benutzen zu müssen.[7]

Bereits in der Antike greifen die Auseinandersetzungen mit dem Unendlichen auf den Folgenbegriff zurück, die Folge und ihr Grenzwert werden als wichtiges Werkzeug für die Entwicklung eines Konzeptes von Unendlichkeit eingesetzt. Hierbei möchte ich betonen, dass eine Folge mit unendlichen Folgegliedern stets als etwas potentiell unendliches, als etwas im fortwährenden Aufbau Begriffenes gesehen wird.[8]

Auch mit der unendlichen Summe der Folgeglieder wird bereits gearbeitet, beispielsweise bei der in der Antike gängigen Exhaustionsmethode. Diese Methode, die aber erst im 17. Jahrhundert diesen Namen erhielt, stützt sich ebenfalls auf die Existenz des potentiell Unendlichen, hier werden krummlinig begrenzte Flächen oder Körper durch einfach zu berechnende Flächen oder Körper angenähert, wobei die zu berechnende Fläche oder der zu berechnende Körper mit den Mitteln der modernen Mathematik als Grenzwert einer konvergenten Folge beschrieben wird.[9]

Den Gelehrten war bereits damals klar, dass sich die Annäherung an die krummlinigen Flächen und Körper fortsetzen und damit noch genauer bestimmen lässt – aber zur praktischen Durchführung fehlten ihnen die Dezimalzahlen. Sie arbeiteten ausschließlich mit den natürlichen Zahlen und ihren Verhältnissen.

---

[6] Heinrich Winand Winter, *Entdeckendes Lernen im Mathematikunterricht. Einblicke in die Ideengeschichte und ihre Bedeutung für die Pädagogik*, Springer, Wiesbaden 1989, 1991, 2016, S. 27 (Im Weiteren als *Winter* abgekürzt.)

[7] Der ursprüngliche Beweis Euklids ist nachzulesen in *Winter*, S. 27 f.

[8] Unter einer Folge reeller Zahlen versteht man eine Abbildung $\mathbb{N} \to \mathbb{R}$, jedem $n \in \mathbb{N}$ wird also ein $a_n \in \mathbb{R}$ zugeordnet. Man schreibt hierfür $(a_n)_{n\in\mathbb{N}}$ oder $(a_0, a_1, a_2, a_3, \ldots)$.

[9] Vgl. John Stillwell, *Wahrheit, Beweis, Unendlichkeit. Eine mathematische Reise zu den vielseitigen Auswirkungen der Unendlichkeit*, Springer Spektrum, Berlin Heidelberg 2014, S. 22 f.

Der Grund, warum kein Konzept für Dezimalzahlen entwickelt wurde, lag darin, dass die Null nicht als Zahl betrachtet wurde – aber für die Entwicklung der Dezimalzahlen war die Null unentbehrlich.[10]

So blieb Aristoteles' Idee, dass lediglich potentielle Unendlichkeit in Natur und Mathematik vorstellbar ist, über Jahrhunderte hinweg die fundamentalste Neuerung, was die Charakterisierung der Unendlichkeit betraf.[11]

2.1.2 Die Erforschung der Unendlichkeit in der Neuzeit

Im Jahr 1638 veröffentlichte der italienische Universalgelehrte Galileo Galilei in seinen *Discorsi e dimostrazioni matematiche* ein Paradoxon, das sich auf das folgende, ca. 300 v. Chr. veröffentlichte achte Axiom des Euklid bezieht: „Das Ganze ist größer als sein Teil."[12]

200 Jahre bevor im Rahmen der aufkommenden Mengenlehre der Zuordnungs-begriff Einzug in die mathematische Forschung hält, formuliert Galileo hier den Gedanken, dass sich zwischen den natürlichen Zahlen und den Quadratzahlen eine eindeutige Beziehung herstellen lasse. Er folgert, dass es genauso viele Quadratzahlen wie natürliche Zahlen geben muss – obwohl die Quadratzahlen offensichtlich einen Teil der natürlichen Zahlen darstellen. Diese Folgerung führe, so Galilei, zu einem Widerspruch mit Euklids Axiom, da hier das Ganze (die natürlichen Zahlen) nicht größer, sondern gleich groß ist wie sein Teil (die Quadratzahlen). Galilei schließt daraus, dass die Attribute „größer", „kleiner" oder „gleich" nicht auf die Unendlichkeit übertragen werden können und weckt durch diese Irritation den Forscherdrang vieler Mathematiker, sich mit dem Labyrinth der Unendlichkeit auseinanderzusetzen.

Im 17. Jahrhundert startet außerdem das große Unternehmen, die mathemati-schen Kenntnisse für die mechanische Physik anwendbar zu machen. Mit dieser Entwicklung geht eine völlige Umgestaltung der Mathematik einher, die sich

---

[10] Die Leugnung der Zahl Null ist leicht nachvollziehbar, wie Rudolf Taschner es in *Das Unendliche*, Springer, Heidelberg, Berlin 1995, S. 54 ff. darstellt: „Welchen Wert sollte das Verhältnis $a = \frac{1}{0}$ darstellen? Wäre $a = \frac{1}{0}$ ein sinnvoller Ausdruck, müsste $a \cdot 0 = 1$ sein, und das ist offenkundig unmöglich. *Kein* a kann folglich für $a = \frac{1}{0}$ stehen."

[11] Vgl. Andreas Loos, Rainer Sinn, Günter M. Ziegler, *Panorama der Mathematik*, Springer, Berlin Heidelberg 2021, S. 139. (Im Weiteren als *Panorama der Mathematik* abgekürzt.)

[12] Euklid, *Die Elemente*, herausgegeben und übersetzt von Clemens Thaer, Wissenschaftliche Buchgesellschaft, Darmstadt 1969, S. 3.

bis dahin in erster Linie mit Themen der Geometrie befasste.[13] Zwangsläufig folgt auf die Beschäftigung mit dem Bewegungsbegriff auch ein wachsendes Interesse an der Frage nach der unendlichen Teilbarkeit von Strecken oder der Zeit. Weil man das Änderungsverhalten von physikalischen Größen untersuchen wollte, wurde es in diesem Zusammenhang ebenfalls notwendig, den Begriff der Funktion explizit zu machen, der wiederum Fragen nach der Stetigkeit der Zahlengerade aufkommen ließ.

So begannen sich die Wissenschaftler in dieser bewegten Zeit zunehmend für die „kontinuierlichen Raumsauce, welche zwischen den Punkten ergossen ist"[14] – wie Hermann Weyl das Kontinuum 300 Jahre später beschreiben soll – zu interessieren.

Ich möchte kurz den Forschungsstand jener Zeit schildern, um deutlich zu machen, wie weit die damalige Idee des Kontinuums noch von der uns heute geläufigen Menge der reellen Zahlen entfernt ist: Als die Wissenschaftler im ausgehenden 17. Jahrhundert die Fragen nach der Gestalt des Kontinuums aufwerfen, werden in der zeitgenössischen Mathematik, die heute als *Cartesianische Mathematik* bezeichnet wird, lediglich die konstruierbaren Zahlen als solche begriffen. So gilt $\sqrt{2}$ als Zahl, da sie als Diagonale eines Dreiecks der Seitenlänge 1 konstruierbar ist. Die Kreiszahl π, die ihren Namen erst Mitte des 18. Jahrhunderts von Leonhard Euler erhalten soll, kennt die zeitgenössische Mathematik zwar als einen durch eine Reihenentwicklung beliebig annäherbaren Wert, betrachtete diesen jedoch nicht als zulässige Zahl.[15] Die Wissenschaftler umtreibt nun die Frage, ob – und wenn ja wie – solche „unzulässigen Zahlen" in das Kontinuum integriert werden können.

Einige Jahre zuvor unternahmen einige Gelehrte – unter ihnen der Universalgelehrte Gottfried Wilhelm Leibniz – den Versuch, das Kontinuum als eine Menge von unteilbaren Punkten – sogenannten Indivisibilen – zu charakterisieren. Diese unteilbaren Punkte wurden als unausgedehnt definiert, Leibniz bezeichnete das Kontinuum zu jener Zeit „als ein Ganzes, das die Eigenschaft hat, dass sich zwischen je zwei Teilen weitere Teile befinden."[16]

---

[13] Vgl. Herbert Breger, *Kontinuum, Analysis, Informales – Beiträge zur Mathematik und Philosophie von Leibniz*, herausgegeben von W. Li, Springer Spektrum, Berlin Heidelberg 2016, S. 119.

[14] Thomas Sonar, *3000 Jahre Analysis: Geschichte, Kulturen, Menschen*, Springer, Berlin Heidelberg 2011, S. 580.

[15] Vgl. Friedtjof Toennissen, *Das Geheimnis der transzendenten Zahlen. Eine etwas andere Einführung in die Mathematik*, Spektrum Verlag, Heidelberg 2010, S. 199.

[16] Breger 2016, S. 119.

Nach Leibniz' Aussage würden also auch die rationalen Zahlen ein Kontinuum darstellen, da zwischen zwei rationalen Zahlen immer eine weitere zu finden ist. Dieser Zusammenhang wird in der modernen Mathematik durch den Begriff der dichten Teilmenge beschrieben:

> Die Menge der rationalen Zahlen $\mathbb{Q}$ ist dicht in der Menge der reellen Zahlen $\mathbb{R}$. $\Leftrightarrow$
> Für alle $a, b \in \mathbb{R}$ mit $a < b$ existiert ein $q \in \mathbb{Q}$ mit $a < q < b$.

Wir wissen sogar, dass es unendlich viele solcher rationalen Zahlen q gibt.[17]

Die Tatsache, dass es bei Leibniz' Definition des Kontinuums Zahlen wie beispielsweise π nicht in das Kontinuum integriert werden können, hat ihn zu weiteren Auseinandersetzungen mit dem Thema veranlasst und schon nach wenigen Jahren konnte er seine Theorie der Indivisibilen durch eine Theorie der unendlich kleinen Größen – der Infinitesimalen – widerlegen: Nun ist er der Auffassung, dass das Kontinuum nicht aus Punkten zusammengesetzt ist, sondern dass es ist ein Ganzes ist, das in Punkte zerlegt werden kann, die aber ihrerseits wieder von der Natur des Kontinuums, also unendlich teilbar, sind.[18]

Vor dem Hintergrund seines Kontinuumbegriffs betrachtet Leibniz eine Kurve nun als ein Polygon mit infinitesimalen Kantenlängen, was es ihm ermöglicht, die Steigung der Tangenten an einem beliebigen Punkt einer Kurve mit Hilfe des Steigungsdreiecks zu bestimmen: Die Differential- und Integralrechnung, zu deren Gründervätern neben Leibniz auch der englische Naturforscher Isaac Newton zählt, hielt nun als wirkmächtiges Instrument, um Funktionen zu untersuchen, Einzug in die Mathematik.

Leibniz' Umgang mit unendlichen Größen galt jedoch in der mathematischen Diskussion keineswegs als unumstritten: Im Jahr 1734 veröffentlichte der englische Bischof Georg Berkeley seine Kampfschrift *The Analyst*, die den Untertitel *gerichtet an den treulosen Mathematiker* trug. Berkeleys Kritik bezieht sich auf die Ableitung von $f(x) = x^2$ und dem unbedachten Umgang Leibniz' bei deren

---

[17] Der Beweis ist u. a. nachzulesen in: Daniel Grieser, *Analysis I. Eine Einführung in die Mathematik des Kontinuums*, Springer Spektrum, Wiesbaden 2015:

Seien $a, b \in \mathbb{R}$ mit $a < b$. Wähle $n \in \mathbb{N}$ mit $\frac{1}{n} < b - a$. Sei dann k die kleinste ganze Zahl, für die gilt: $\frac{k}{n} > a$. Ein solches k existiert, denn die Menge $M = \left\{ k \in \mathbb{Z} \mid \frac{k}{n} > a \right\}$ ist nach unten beschränkt: $k \in M \Rightarrow k > na$.

Nach Definition von k gilt $a < \frac{k}{n}$, es bleibt also zu zeigen, dass $\frac{k}{n} < b$. Wäre $\frac{k}{n} \geq b$, so folgt $\frac{k-1}{n} = \frac{k}{n} - \frac{1}{n} \geq b - \frac{1}{n} > a$, wobei die letzte Ungleichung durch Umstellung aus $b - a > \frac{1}{n}$ folgt. Die Ungleichung $\frac{k-1}{n} > a$ steht aber im Widerspruch zur Minimalität von k. Also folgt $\frac{k}{n} < b$.

[18] Vgl. Breger 2016, S. 119.

Berechnung, die folgendermaßen lautet:

$$f'(x) = \frac{(x+\Delta)^2 - x^2}{(x+\Delta) - x} = \frac{x^2 + 2x\Delta + \Delta^2 - x^2}{(x+\Delta) - x} = \frac{2x\Delta + \Delta^2}{\Delta} = \frac{2x + \Delta}{1} = 2x$$

Berkeley merkt an, dass der unendlich kleine Ausdruck Δ zunächst als endliche Größe betrachtet wird, da man sonst im dritten Term durch Null dividieren würde. Anschließend, kritisiert Berkeley, werde der gleiche Ausdruck Δ in nur einem Rechenschritt später wie eine Null behandelt. Dieser Umgang mit infinitesimalen Größen, so der Bischof, sei mathematisch nicht zu rechtfertigen.[19]
Diese und ähnliche Fragen führen im gelehrten Europa des 17. und 18. Jahrhunderts zu heftigen Diskussionen. Bereits 100 Jahre später jedoch hat die „Analysis den Umgang mit der Unendlichkeit gelernt"[20] und die Früchte der Auseinandersetzungen sorgen für völlig neue Perspektiven auf die Unendlichkeit in der Mathematik.

2.1.3 Der Forschungsstand zur Unendlichkeit im 19. Jahrhundert

Im 19. Jahrhundert erreicht die Diskussion, ob die Unendlichkeit als aktuales oder potentielles Phänomen betrachtet werden soll, ihren Höhepunkt, indem sich zwei mathematische Ideologien und dazugehörige Lager bilden, die leidenschaftlich um ihre verschiedenen Standpunkte kämpfen:
Zum einen begründen die sogenannten Finitisten eine neue Schule der Analysis, in der sie ausdrücklich vor dem Einzug des aktual Unendlichen in der Mathematik warnen. Zu ihren Vertretern gehören unter anderem das sogenannte „Triumvirat" Kronecker, Kummer und Weierstraß: Sie versuchen, die Untiefen der Unendlichkeit zu umschiffen, indem sie beliebig – aber nicht unendlich – kleine bzw. große Größen betrachten.
Im Rahmen dieses Vorhabens wird der Begriff des Grenzwertes unter Bezugnahme auf den Folgebegriff formalisiert. Im Jahr 1821 erscheint das Lehrbuch *Cours d'Analyse* von Augustin-Louis Cauchy, das dem Grenzwertbegriff dazu verhilft, zu einem Grundbegriff der Analysis zu werden. Cauchy erklärt den Begriff einer Grenze folgendermaßen:

---

[19] Vgl. *Panorama der Mathematik*, S. 144.
[20] Vgl. *Panorama der Mathematik*, S. 146.

„Wenn die einer variablen Zahlengröße successive beigelegten Werthe sich einem bestimmten Werthe beständig nähern, so daß sie endlich von diesem Werthe so wenig verschieden sind, als man irgend will, so heißt die letztere die Grenze aller übrigen."[21]

Dieser Definition liegt das Prinzip zugrunde, dass zunächst eine Aussage in der Endlichkeit formuliert wird und diese anschließend im Rahmen eines dynamischen Prozesses auf eine potentiell vorliegende Unendlichkeit ausgedehnt wird. Die Existenz einer Menge von unendlich vielen Elementen wird hier in keinem Moment vorausgesetzt oder benötigt.

Im Rahmen der großen Formalisierungswelle der Mathematik im ausgehenden 19. Jahrhundert wird die bis dahin naive, intuitiv geprägte Analysis auf ein systematisches und stärker formal orientiertes Fundament gestellt. Diese Entwicklung führt zu der heute üblichen Definition des Grenzwertes einer Folge:

Für eine reelle Folge $(a_n)_{n \in \mathbb{N}}$ heißt $A \in \mathbb{R}$ Grenzwert dieser Folge, wenn gilt:

Für alle $> 0 \exists n_0 \in \mathbb{N}$, so dass für alle $n \in \mathbb{N}$ mit $n > n_0$ gilt: $|A - a_n| < \epsilon$.

Aufbauend auf diese „ϵ-n_0-Definition" wird einige Jahre später auch das ε-δ-Kalkül[22] Einzug in die Mathematik halten, und auch dieses formuliert eine Aussage in der Endlichkeit, die dann auf eine potentielle Unendlichkeit ausgedehnt wird.

Parallel zu den Bestrebungen der Finitisten bildet sich eine Gruppe von Mathematikern, die die Existenz einer aktualen Unendlichkeit in der Mathematik zum Fundament ihrer Arbeit machen – der Begründung der Mengentheorie.

Hier ist neben Richard Dedekind und Bernhard Bolzano vor allem der Name des deutschen Mathematikers Georg Cantor zu nennen, der als „Schöpfer der Mengenlehre" in die Mathematikgeschichte eingegangen ist und dessen Arbeit es gelang, was allen wissenschaftlichen Fortschritts zum Trotz zuvor nicht

---

[21] *Didaktik d. Analysis,* S. 77.

[22] Das ε-δ-Kalkül wird in der modernen Analysis unter anderem verwendet, um die Stetigkeit einer Funktion in einem Punkt oder in einer Teilmenge zu zeigen: Man betrachte eine Teilmenge E von $\mathbb{R}$ sowie die Funktion f : E $\to$ $\mathbb{R}$. Man betrachte außerdem den Häufungspunkt x, d. h. es existiert eine Folge $\{x_n\}$ mit $x_n \in E, x_n \to x$ für $n \to \infty$ und es gilt außerdem, dass $x_n \neq x$. Eine Funktion f heißt **stetig in einem Punkt** $x \in X$, wenn es zu jedem $\varepsilon > 0$ ein $\delta > 0$ gibt, so dass $|f(t) - f(x)| \leq \varepsilon$ für alle $t \in T$ mit $|t - x| \leq \delta$. Man sagt auch $\lim_{t \to x} f(t) = f(x)$. Eine Funktion f heißt **stetig in E**, falls für alle $x \in X$ stetig ist.

erreicht wurde: „Die Schaffung einer einheitlichen Grundlage, auf der sich die Mathematik als Ganzes errichten lässt."[23]

Im Folgenden werde ich drei der zahlreichen Sätze über die Zahlenmengen von Cantor sowie die dazugehörigen Beweise darlegen. Dafür möchte ich jedoch zuvor einige zentralen Begriffe definieren, um sie später exakt einsetzen zu können.

2.1.4 Einschub: Klärung zentraler Begriffe

Seit dem ausgehenden 19. Jahrhundert spielt der Begriff der Zuordnung eine zentrale Rolle, um Funktionen zu beschreiben: Im Rahmen der aufkommenden Mengentheorie ist eine Funktion nun auf einer Definitionsmenge A definiert, ihre Funktionswerte entstammen einer Wertemenge B. Die Zuordnung erfolgt über das mathematische Konstrukt des kartesischen Produktes $A \times B$ und wird in Wertpaaren (x, y) ausgedrückt, wobei für $x \in A$ und und für $y \in B$ gilt.

Mit diesem Werkzeug lassen sich nun funktionale Beziehungen zwischen verschiedenen Mengen herstellen. Cantor arbeitet mit dem Begriff der Eineindeutigkeit (heute: Bijektivität) einer Funktion, um einen Begriff zu etablieren, der einen neuen Blick auf die Mengenlehre ermöglicht und sie mit dem Funktionsbegriff verknüpft: Die Mächtigkeit (oder Kardinalität) einer Menge.

Ich werde in den folgenden Absätzen die gerade verwendeten Begriffe sowie weitere Grundbegriffe, auf die ich zurückkommen werde, definieren und beginne mit einer Definition der **Funktion** in der modernen Mathematik:

Seien X und Y beliebige, nicht leere Mengen. Eine Funktion ist auf X mit Werten in Y definiert, wenn aufgrund einer Regel[24] f jedem Element $x \in X$ ein Element $y \in Y$ zugehörig ist.

Die Menge X heißt Definitionsbereich D_f der Funktion, wobei $x \in X$ ein allgemeines Element der Menge beschreibt und Argument genannt wird. Das

---

[23] Dirk W. Hoffmann, *Grenzen der Mathematik. Eine Reise durch die Kerngebiete der mathematischen Logik*, Springer Spektrum, Berlin Heidelberg 2018[3], S. 13.

[24] Um den Begriff der *Regel* exakt zu erklären, benutzt Vladimir A. Zorich in *Analysis I* (Springer, Heidelberg 2006) das mathematische Konstrukt der Relation: Er definiert eine Relation $\mathcal{R}$ als eine Menge geordneter Paare (x, y), wobei die Menge X der ersten Elemente der geordneten Paare, die $\mathcal{R}$ bilden, Definitionsbereich von $\mathcal{R}$ genannt und die Menge Y der zweiten Elemente dieser geordneten Paare der Wertebereich von $\mathcal{R}$ genannt wird. Daher kann eine Relation als eine Teilmenge $\mathcal{R}$ des direkten Produkts $X \times Y$ betrachtet werden. $\mathcal{R}$ wird funktional genannt, falls gilt: $(x, y_1) \wedge (x, y_2) \Rightarrow (y_1 = y_2)$. Eine funktionale Relation wird als Funktion bezeichnet.

Element $y_0 \in Y$, das einem Element $x_0 \in X$ zugeordnet wird, wird Wert der Funktion in x_0 oder auch Bild von x_0 genannt und $f(x_0)$ geschrieben.

Die Menge $f(X) := \{y \in Y | \exists x((x \in X) \wedge (y = f(x)))\}$, die alle Werte von f beinhaltet, wird Wertebereich W_f oder Bild der Funktion genannt.[25]

Eine Funktion $f : X \to Y$ wird

- *surjektiv* genannt, falls gilt: $f(X) = Y$.
- *injektiv* genannt, falls je für zwei Elemente x_1 und $x_2 \in X$ gilt: $(f(x_1) = f(x_2)) \Rightarrow (x_1 = x_2)$.
- *bijektiv* genannt, wenn sie sowohl surjektiv als auch injektiv ist.[26]

Wenn eine Funktion $f : X \to Y$ bijektiv ist, existiert eine eindeutige Abbildung zwischen den Mengen X und Y. Daraus folgt, dass eine Abbildung $f^{-1} : Y \to X$ existiert. Sie wird definiert durch die Zuordnung $f^{-1}(y) = x$, also wird in diesem Falle jedem $y \in Y$ ein $x \in X$ zugeordnet. Das ist zulässig, weil aufgrund der Surjektivität von f ein solches Element existiert und es aufgrund der Injektivität von f eindeutig ist.

Diese Abbildung f^{-1} wird die Umkehrfunktion oder die Inverse der Abbildung f genannt.

Nun wende ich mich dem Begriff der **Kardinalität** einer Menge zu und definiere ihn:

Sei M eine Menge. Die Kardinalität von M, bezeichnet als $|M|$, entspricht der Anzahl der Elemente einer Menge.

Eine Menge M ist endlich mit Mächtigkeit $n \in \mathbb{N}_0$, falls es eine Bijektion $M \to \{1, 2, \ldots, n\}$ gibt.

Im Fall M=$\emptyset$ gilt: $n = 0$.

Eine Menge M ist unendlich, wenn sie nicht endlich ist.

Seien M_1 und M_2 beliebige Mengen. M_1 und M_2 heißen *gleichmächtig,* geschrieben als $|M_1| = |M_2|$, wenn eine bijektive Abbildung $f : M_1 \to M_2$ existiert.

Bemerkung: Zwei unendliche Mengen sind per Definition genau dann gleichmächtig, wenn sich ihre Elemente jeweils umkehrbar eindeutig einander zuordnen lassen.[27]

---

[25] Vgl. Zorich 2006, S. 11.
[26] Vgl. Zorich 2006, S. 17.
[27] Hoffmann 2018, S. 15.

Die **Abzählbarkeit** einer Menge ist folgendermaßen definiert:
Eine Menge M heißt

- *abzählbar*, falls $|M| = |\mathbb{N}|$.
- *überabzählbar*, falls M nicht abzählbar und nicht endlich ist.
- *höchstens abzählbar*, falls M endlich oder abzählbar ist.[28]

Cantor führte im ausgehenden 19. Jahrhundert außerdem die Kardinalzahl $\aleph_0$ für abzählbar unendliche Mengen ein. Der Bedeutung der Kardinalzahlen $\aleph_1, \aleph_2, \aleph_3, \dots$ werde ich mich im weiteren Verlauf der Sachanalyse zuwenden.

Das von Cantor entwickelte Instrumentarium war von so allgemeiner Natur, dass er sowohl endliche als auch unendliche Mengen in der gleichen Weise untersuchen konnte. Mehr noch – die Mathematiker sind nun in der Lage, die Kardinalität zweier unendlicher Mengen zu vergleichen.

2.1.5 Cantors Beitrag zur Erforschung der Unendlichkeit

Nun komme ich, wie bereits angekündigt, zu den drei wichtigen Sätzen über unendliche Mengen, die Cantor im ausgehenden 19. Jahrhundert formulierte und bewies.

1. *Cantors Satz über die Abzählbarkeit der rationalen Zahlen*

Satz: Die rationalen Zahlen $\mathbb{Q}$ sind abzählbar unendlich.

In diesem ersten Beweis nimmt Cantor an, dass die Menge der natürlichen Zahlen $\mathbb{N}$ und die Menge der positiven rationalen Zahlen $\mathbb{Q}^+$ gleichmächtig sind. Die Tatsache, dass es bereits zwischen zwei natürlichen Zahlen unendlich viele rationale Zahlen gibt, führt die Bizarrheit dieser Annahme vor Augen.

Sein Beweis ist leicht nachvollziehbar: Cantor konstruiert eine umkehrbar eindeutige Zuordnung $f : \mathbb{N} \to \mathbb{Q}^+$ zwischen den rationalen und den natürlichen Zahlen, indem er die positiven rationalen Zahlen $\mathbb{Q}^+$ zweckmäßig in einer Tabelle mit unendlich vielen Reihen und Spalten anordnet. Der Zähler $m \in \mathbb{N}$ bestimmt hierbei die Zeile, der Nenner $n \in \mathbb{N}$ die Reihe, so dass jedes Element $\frac{m}{n} \in \mathbb{Q}^+$ seinen festen Platz in der Tabelle hat. Die Durchnummerierung der Brüche erfolgt nun nach dem Schema aus der Abbildung 2.1, es gilt also:

---

[28] Vgl. Grieser 2015, S. 43.

$f(1) = \frac{1}{1} = 1, f(2) = \frac{2}{1} = 2, f(3) = \frac{1}{2}, f(4) = \frac{1}{3}, f(5) = \frac{3}{1} = 3$ usw. (siehe Abbildung 2.1).

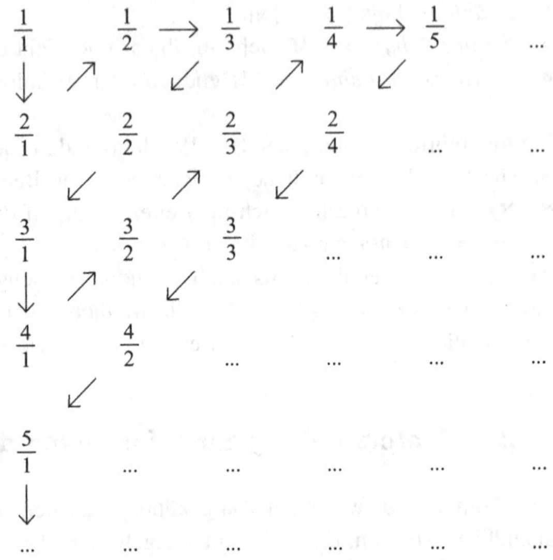

Abbildung 2.1 Cantors Anordnung der positiven rationalen Zahlen

$$
\begin{array}{ccccc}
\frac{1}{1} & \frac{1}{2} \rightarrow \frac{1}{3} & \frac{1}{4} \rightarrow \frac{1}{5} & \cdots \\
\downarrow \nearrow & \swarrow \nearrow & \swarrow \\
\frac{2}{1} & \frac{2}{2} & \frac{2}{3} & \frac{2}{4} & \cdots \cdots \\
& \swarrow \nearrow & \swarrow \\
\frac{3}{1} & \frac{3}{2} & \frac{3}{3} & \cdots \cdots \cdots \\
\downarrow \nearrow & \swarrow \\
\frac{4}{1} & \frac{4}{2} & \cdots \cdots \cdots \cdots \\
\swarrow \\
\frac{5}{1} & \cdots \cdots \cdots \cdots \cdots \\
\downarrow \\
\cdots & \cdots & \cdots & \cdots & \cdots
\end{array}
$$

Hierbei ist zu beachten, dass ungekürzte Brüche übersprungen werden müssen um die Bijektivität der Abbildung zu gewährleisten. Mit dieser Auflistung der rationalen Zahlen hat Cantor die Gleichmächtigkeit der beiden Mengen $\mathbb{N}$ und $\mathbb{Q}^+$ bewiesen.[29]

Dieser Beweis lässt sich leicht erweitern, um zu zeigen, dass auch die Mengen der natürlichen Zahlen $\mathbb{N}$ und der rationalen Zahlen $\mathbb{Q}$ gleichmächtig sind: Anschaulich geschieht dies durch die Ergänzung der Abbildung 2.1 um die fehlende Zahl 0 und das Verschieben aller rationalen Zahlen entlang der Pfeilrichtung derart, dass neben jedem Element $\frac{m}{n}$ das Element $-\frac{m}{n}$ eingefügt wird. Formal entspricht dies der folgenden Funktion $g : \mathbb{N} \rightarrow \mathbb{Q}$ mit $g(1) = 0, g(2n) = f(n)$, $g(2n + 1) = -f(n)$ für alle $n \in \mathbb{N}$.

Die so definierte Funktion g stellt eine bijektive Abbildung zwischen $\mathbb{N}$ und $\mathbb{Q}$ dar, womit gezeigt ist, dass die rationalen Zahlen $\mathbb{Q}$ abzählbar unendlich sind.

Dieses Phänomen, dass sich die Kardinalität einer $\aleph_0$-elementigen Menge durch die Verdopplung (und gar Vervielfachung) ihrer Elemente nicht ändert,

---

[29] Vgl. Stillwell 2014, S. 3 f.

wird auch mit dem Begriff der Elastizität von $\aleph_0$ beschrieben. Richard Dedekind formuliert diesen Zusammenhang, indem er die unendliche Menge als eine
Menge beschreibt, die Teilmengen enthält, die so groß sind wie die ganze Menge.
Damit ist es ihm nach etwas 200 Jahren möglich, die durch Galileis Paradoxon
aufgetretenen Irritationen aufzulösen.

Ungefähr 30 Jahre nach Cantors Tod veranschaulicht Hilbert dieses Phänomen
in einer Vorlesung über die Unendlichkeit, die sich auch an ein Laienpublikum
richtet mit Hilfe eines Gedankenexperiments, das unter dem Namen *Hilberts
Hotel* in die Literatur eingegangen ist. Dieses besagte Hotel verfügt über $\aleph_0$
Zimmer und ist voll ausgebucht. Ist es trotzdem möglich, einen weiteren Gast
unterzubringen? Hilbert bejaht diese Frage und schlägt vor, dass nur jeder Gast
einfach ein Zimmer weiterziehen muss, so dass das erste Zimmer frei wird. Es
gilt also: $\aleph_0 + 1 = \aleph_0$.

Es schließt sich die Frage an, ob auch weitere $\aleph_0$ Gäste untergebracht werden
können. Hilbert bejaht auch diese Frage, und begründet seine Antwort folgendermaßen: Indem man alle Hotelgäste gleichzeitig von Zimmer n in Zimmer $2n$
transferiert, könnten alle $\aleph_0$ Neuankömmlingen die nun freien Zimmer mit den
ungeraden Zimmernummern zugewiesen werden und es wäre genug Platz für alle.
Formal lautet diese Aussage: $\aleph_0 + \aleph_0 = \aleph_0$.[30]

Man könnte nach dieser Auseinandersetzung zu dem Schluss kommen, dass
die Kardinalität aller unendlichen Mengen $\aleph_0$ beträgt – und damit wären weitere
Forschungen zu dem Thema unnötig. Dass es jedoch unendliche Mengen von
unterschiedlicher Kardinalität gibt, zeigt Georg Cantor in seinem Diagonalverfahren, das ich im Folgenden vorstelle.

2. Cantors Überabzählbarkeitsbeweis des Kontinuums: Das Diagonalverfahren

Satz: Die reellen Zahlen $\mathbb{R}$ sind überabzählbar unendlich.
Dieser indirekte Beweis, der unter dem Titel *Diagonalverfahren* in die Literatur
eingegangen ist und den Cantor in Zusammenarbeit mit Dedekind entwickelte,
zeigt auf verblüffend einfache Weise, dass die Menge der reellen Zahlen $\mathbb{R}$
überabzählbar unendlich ist.

Cantor und Dedekind betrachten hierfür die echte Teilmenge $\mathbb{R}_{(0,1)}$ der reellen Zahlen und zeigen, dass dieses Intervall überabzählbar unendlich ist, woraus
direkt die Überabzählbarkeit der reellen Zahlen folgt.

Die Argumentation der Mathematiker ist die folgende: Sie nehmen an, dass
die Menge $\mathbb{R}_{[0,1]}$ abzählbar unendlich ist. Aus der Annahme folgt, dass eine

---

[30] Vgl. Stillwell 2014, S. 5 f.

bijektive Abbildung $f : \mathbb{N} \to \mathbb{R}_{(0,1)}$ existiert, die jedes Element $n \in \mathbb{N}$ eindeutig auf ein Element $f(n) \in \mathbb{R}_{(0,1)}$ abbildet. Die Funktionswerte $f(\mathbb{N})$ lassen sich also in einer Matrix auflisten, in deren Zeilen die unendlichen Ziffernabfolgen jedes Elements der Menge $\mathbb{R}_{(0,1)}$, also $f(1), f(2), \ldots$ zu finden sind. Die Matrix dieser abzählbaren Zahlenmenge (in der Zeichnung orange umrandet) beginnt mit den folgenden Funktionswerten, wobei $a_i, b_i, c_i, d_i, e_i \in \{0, 1, 2, 3, 4, 5, 6, 7, 8, 9\}$ für alle $i \in \mathbb{N}$ gilt.

Abbildung 2.2 Cantors Diagonalisierungsargument

$$f(1) = 0, \quad \begin{array}{ccccc} \boldsymbol{a_1} & a_2 & a_3 & a_4 & a_5 \cdots \\ b_1 & \boldsymbol{b_2} & b_3 & b_4 & b_5 \cdots \\ c_1 & c_2 & \boldsymbol{c_3} & c_4 & c_5 \cdots \\ d_1 & d_2 & d_3 & \boldsymbol{d_4} & d_5 \cdots \\ e_1 & e_2 & e_3 & e_4 & \boldsymbol{e_5} \cdots \end{array}$$

$$f(2) = 0,$$

$$f(3) = 0,$$

$$f(4) = 0,$$

$$f(5) = 0,$$

$$\vdots \quad = \quad \vdots$$

In der Abbildung 2.2 kann natürlich nur ein winziger Ausschnitt der tatsächlichen Matrix gezeigt werden, da die Funktion f für unendlich viele Werte $n \in \mathbb{N}$ definiert ist und sich die Dezimalbruchdarstellung jeder reellen Zahl $f(n)$ über unendlich viele Ziffern erstreckt.

Cantor und Dedekind zeigen, dass die Annahme, die reellen Zahlen seien abzählbar, zu einem Widerspruch führt, da sich mit Hilfe der leistungsstarken sowie intuitiven Methode des *Diagonalisierungsarguments* immer eine weitere reelle Zahl konstruieren lässt, die sich noch nicht in der Liste befindet. Diese konstruierte reelle Zahl $z = 0, x_1 x_2 x_3 x_4 x_5 \ldots$ mit $x_i \in \{0, 1, 2, 3, 4, 5, 6, 7, 8, 9\}$ für alle $i \in \mathbb{N}$ hat die folgenden Eigenschaften: Die erste Ziffer x_1 ist verschieden von a_1, die zweite Ziffer x_2 ist verschieden von b_2, die dritte Ziffer x_3 ist verschieden von c_3 und so fort. Ganz allgemein ist die n-te Ziffer x_n der konstruierten Zahl z verschieden von der n-ten Ziffer der n-ten Zahl der Matrix in Abbildung 2.2.[31,32]

Da diese auf zulässige Weise konstruierte Zahl unabhängig von der Wahl von f existiert, beweisen Cantor und Dedekind damit, dass die Matrix, die sich aus der Zuordnung $f : \mathbb{N} \to \mathbb{R}_{(0,1)}$ ergibt, niemals alle reellen Zahlen des Intervalls $(0, 1)$ erfassen kann. Folglich ist die Annahme dieses Beweises zu einem Widerspruch geführt und die Überabzählbarkeit der reellen Zahlen gezeigt. Es gilt: $|\mathbb{R}| > \aleph_0$.

3. Der Cantor'sche Satz

Satz: Die Potenzmenge $\mathcal{P}(M)$[33] einer beliebigen, nicht leeren Menge M ist mächtiger als M.

Der Grundgedanke dieses Beweises gleicht dem vorhergehenden Beweis: Wir gehen erneut von einer bijektiven Abbildung $f : M \to \mathcal{P}(M)$ aus und führen diese Annahme zu einem Widerspruch.

Angenommen, die Annahme stimmt, so lassen sich zwei Fälle für $x \in M$ unterscheiden:

Im 1. Fall ist das Element x im Bild $f(x)$ enthalten, im 2. Fall ist es nicht enthalten.

Alle $x \in M$, auf die der zweite Fall zutrifft, werden nun in der Menge T zusammengefasst:

$$T := \{x \in M \,|\, x \notin f(x)\}.$$

Da f bijektiv (und damit insbesondere surjektiv) ist, muss ein Urbild x_t existieren mit $f(x_t) = T$.

Wie für alle Elemente aus M trifft auch für das Element x_t einer der beiden Fälle zu: Es gilt $x_t \in T$ oder $x_t \notin T$. Beide Fälle führen unmittelbar zu einem Widerspruch:

1. **Fall:** $x_t \in T$:

---

[31] Vgl. Pierre Basieux, *Abenteuer Mathematik. Brücken zwischen Wirklichkeit und Fiktion*, Spektrum, Heidelberg [5]2011, S. 78 f.

[32] Vgl. Hoffmann 2018, S. 20.

[33] Die Potenzmenge $\mathcal{P}(M)$ einer Menge M ist definiert als die Menge aller Teilmengen der Menge M.

$x_t \in T \Leftrightarrow x_t \in f(x_t)$, da $T = f(x_t)$. Nach der Definition von T folgt aber: $x_t \notin T$.

Damit ist der 1. Fall in einen Widerspruch geführt.

2. **Fall: $x_t \notin T$:**

$x_t \notin T \Leftrightarrow x_t \notin f(x_t)$, da $T = f(x_t)$. Nach der Definition von T folgt aber: $x_t \in T$.

Damit ist auch der 2. Fall in einen Widerspruch geführt.

Mit dieser Argumentation zeigt Cantor, dass die Annahme falsch ist und es keine bijektive Abbildung $f : M \to \mathcal{P}(M)$ gibt. Es gilt: $|\mathcal{P}(M)| > |M|$.

Aus dem Beweis des Cantor'schen Satzes lassen sich zwei wichtige Konsequenzen ableiten: Zum einen scheint es keine „maximale Unendlichkeit" zu geben. Stattdessen scheint es „als ob es die Unendlichkeit abermals schafft, sich jeglichen Grenzen zu entziehen."[34]

Zum anderen bringt der Satz „eine hierarchische Ordnung in die unendliche Menge der verschiedenen Unendlichkeiten"[35]: $|\mathbb{N}| < |\mathcal{P}(\mathbb{N})| < |\mathcal{P}(\mathcal{P}(\mathbb{N}))| < |\mathcal{P}(\mathcal{P}(\mathcal{P}(\mathbb{N})))| < \ldots$

Oder anders ausgedrückt mit dem von Cantor eingeführten Begriff der Kardinalzahl:

$$\aleph_0 < \aleph_1 < \aleph_2 < \aleph_3 < \ldots$$

Cantor hatte mit den Begriffen der Abzählbarkeit und der Überabzählbarkeit aussagekräftige Instrumente zur Charakterisierung des Kontinuums geschaffen, so dass die Mathematik nun in der Lage ist, die Frage nach dem Wesen des Kontinuums zu präzisieren: Welche Mächtigkeit hat das Kontinuum, das seit der Begründung der Mengenlehre auch als Menge der reellen Zahlen bezeichnet wird? Ihm gelang es zu zeigen, dass die Mächtigkeit der reellen Zahlen mindestens überabzählbar ist – aber er hat ebenso gezeigt, dass unendlich viele größere Mengen denkbar sind.

Cantor gelingt es nicht, diese Frage nach der Mächtigkeit des Kontinuums zu beantworten. Die Anerkennung für seine – aus heutiger Sicht richtungsweisende – Arbeit bleibt in weiten Teilen aus, stattdessen wird ihm aus den mathematischen Fachkreisen viel Kritik entgegengebracht. Diese geht insbesondere von den Finitisten aus, Cantor fühlt sich von ihnen ins Abseits gedrängt: Ohne die Hoffnung

---

[34] Vgl. Hoffmann 2018, S. 22.
[35] Hoffmann 2018, S. 22.

auf eine Lehrtätigkeit an einer angesehenen Universität in den großen mathematischen Zentren Berlin und Göttingen befindet er sich fachlich weitestgehend isoliert in Halle.[36]

2.1.6 Der Umgang mit dem Kontinuumsproblem im 20. Jahrhundert

Im Jahr 1900 nimmt David Hilbert das Cantor'sche Kontinuumsproblem in seinem programmatischen Vortrag anlässlich des Internationalen Mathematikerkongress' in Paris in seine Liste der größten mathematischen Herausforderungen auf und in der Folge rätseln und scheitern viele MathematikerInnen an der Frage, welche Mächtigkeit die Menge der reellen Zahlen hat – $\aleph_1, \aleph_2, \aleph_3, \ldots$?

Im Jahr 1938 zeigt der österreichische Mathematiker Kurt Gödel, dass „es auf der Grundlage des so genannten Zermelo-Fraenkel'schen Axiomensystems der Mengenlehre[37] nicht möglich ist zu beweisen, dass die Menge der reellen Zahlen eine von $\aleph_1$ verschiedene Mächtigkeit besitzt. Damit war zwar noch nicht viel gewonnen, doch da Gödel gezeigt hatte, dass es unmöglich ist, eine Antwort zu beweisen, die anders als $\aleph_1$ lautet, nahm man an, die Mächtigkeit des Kontinuums sei tatsächlich $\aleph_1$ (und es sei nur eine Frage der Zeit, bis der endgültige Beweis dafür geliefert würde).[38]

Diese Vermutung wurde als die *Kontinuumshypothese* bezeichnet und eine Reihe von Beweisen wurde unter der Annahme geführt, dass diese logisch wahr sei.

Im Jahr 1963 zeigt der US-amerikanische Mathematiker Paul Cohen mit einer „trickreichen Beweistechnik, dem sogenannten Forcing"[39], dass auch die Negation der Kontinuumshypothese zu keinem Widerspruch mit dem Zermelo-Fraenkel-System mit Auswahlaxiom führt. Damit war bewiesen, dass die Hypothese in diesem System unentscheidbar war.

Nach dieser niederschmetternden Nachricht suchten die MathematikerInnen nach Auswegen: Ein zweckmäßiger, wenn auch fachlich unbefriedigender, besteht

---

[36] Vgl. Basieux 2011, S. 86.

[37] Die Zermelo-Fraenkel-Mengenlehre (kurz: ZF-Mengenlehre) wurde in den Jahren 1908 bis 1921 von Ernst Zermelo und Abraham Fraenkel formuliert, sie enthält neun Axiome (unter ihnen beispielsweise das Axiom der Bestimmtheit und das Axiom der leeren Menge). Sie bezieht sich ausschließlich auf den Begriff der Menge, ihre Stärke ist es, sämtliche Begriffe der gewöhnlichen Mathematik zu formalisieren.

[38] Vgl. Basieux 2011, S. 88.

[39] *Panorama der Mathematik*, S. 154.

darin, die Kontinuumshypothese selbst als ein Axiom der Mengenlehre zu pos-
tulieren. Andere MathematikerInnen schlagen vor, man könne aus dem Dilemma
entkommen, indem man die Existenz mehrerer möglicher Mengenlehren annehme
(ganz ähnlich den verschiedenen Geometrien, die sich rund hundert Jahre früher
etabliert hatten). In der Folge wäre die Kontinuumhypothese dann also in einigen
Mengenlehren (logisch) wahr, in anderen falsch.[40]

2.1.7   Die Unendlichkeit in der fraktalen Geometrie

Eine weiteres Forschungsfeld der unendlichen Teilbarkeit eröffnet im Jahr 1904
der schwedische Mathematiker Helge von Koch, als er der Fachwelt eine Kurve
mit sonderbaren Eigenschaften vorstellte. Dieses damals als „Monsterkurve"
bezeichnete geometrische Objekt ist überall stetig, doch nirgends differenzierbar.
Im Folgenden werde ich diese sogenannte Koch-Kurve beschreiben:

Für ihre Konstruktion benötigen wir zunächst das Ausgangsobjekt, den sogenannten Initiator, eine Strecke der Länge $a_0 = 1$. Diese wird gedrittelt und die
mittlere Teilstrecke wird durch zwei Teilstrecken der Länge $a_1 = \frac{a_0}{3}$ ersetzt,
so dass diese den Winkel $\alpha = \frac{\pi}{3}$ einschließen. Diesen Schritt, der als *Generator* bezeichnet wird, wendet man anschließend auf alle vier entstandenen
Teilstrecken an. Die folgende Abbildung stellt die ersten drei Iterationsschritte
graphisch dar (Abbildung 2.3):

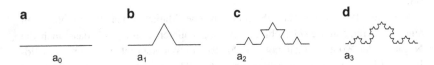

Abbildung 2.3   a)–d): Die ersten drei Iterationsschritte von der Strecke zur Koch-Kurve

Diese Iteration wird nun beliebig oft wiederholt, wobei die Dreiecke stets
zur selben Seite der Kurve hin zu errichten sind. Auf diese Weise ergibt sich ein
geometrisches Objekt, dessen Grenzfigur bei einem unendlichen Iterationsprozess
als Koch-Kurve bezeichnet wird.

Drei Koch-Kurven lassen sich zur Koch-Schneeflocke zusammenfügen, die die
Mathematiker mit weiteren außergewöhnlichen Merkmalen irritiert: Betrachtet

---

[40] Vgl. Basieux 2011, S. 88.

man die Grenzfigur der Koch-Schneeflocke, so wird bereits auf anschaulicher Ebene deutlich, dass ihre Fläche F_n begrenzt ist (Abbildung 2.4).

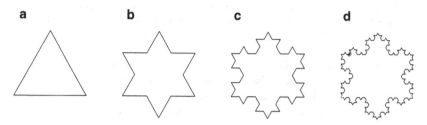

Abbildung 2.4 a)–d): Die ersten drei Iterationsschritte vom gleichseitigen Dreieck zur Koch-Schneeflocke

Mathematisch beweisen lässt sich dieser Sachverhalt, indem man folgende Summe bildet:
$F_n = A_0 + K_0 \cdot A_1 + K_1 \cdot A_2 + \ldots + K_{n-1} \cdot A_n$, wobei A_0 der Fläche des gleichseitigen Dreiecks mit der Kantenlänge $a_0 = 1$ entspricht. Die weiteren Summanden ergeben sich aus den Produkten der Anzahl der Kanten $K_n = 3 \cdot 4^n$ mit den neu angefügten dreieckigen Flächen $A_{n+1} = \frac{\sqrt{3}}{4} \cdot \left(\frac{1}{9}\right)^{n+1}$ für $n \in \mathbb{N}$.

Einige Umformungsschritte machen deutlich, dass sich das Verhalten dieses Terms im Grenzfall für $n \to \infty$ unter Rückgriff auf die geometrische Reihe beschreiben lässt, die Fläche der Koch-Schneeflocke strebt gegen $\frac{2\sqrt{3}}{5}$.[41]

Der Umfang der Schneeflocke beträgt im n-ten Iterationsschritt $U_n = 3\left(\frac{4}{3}\right)^n$ für $n \in \mathbb{N}$. Da $\frac{4}{3} > 1$ ist, gilt für den Grenzwert: $\lim\limits_{n \to \infty} 3\left(\frac{4}{3}\right)^n = \infty$.

Die Koch-Schneeflocke weist also das außergewöhnliche Merkmal auf, dass ihr Umfang bei einer im Grenzfall begrenzten Fläche unendlich wächst.

Benoît Mandelbrot begründet und systematisiert 1975 die fraktale Geometrie, die sich mit den sogenannten Fraktalen, zu denen auch die Koch-Kurve und Koch-Schneeflocke zählen, beschäftigt. Ermöglicht durch computergrafische

---

[41]
$$F_n = A_0 + K_0 \cdot A_1 + K_1 \cdot A_2 + \ldots + K_{n-1} \cdot$$
$$= A_0 + 3 \cdot \frac{1}{9} \cdot A_0 + 12 \cdot \frac{1}{81} \cdot A_0 + \ldots + \left(3 \cdot 4^{n-1}\right) \cdot \frac{1}{9^n} \cdot A_0$$

$$A_n = A_0 \cdot \left(1 + \frac{1}{3} \cdot \sum_{i=0}^{n-1}\left(\frac{4}{9}\right)^i\right)$$

$$= A_0 \cdot \left(1 + \frac{1}{3} \cdot \frac{1 - \left(\frac{4}{9}\right)^n}{1 - \frac{4}{9}}\right) \to_{n \to \infty} A_0 \cdot \left(1 + \frac{1}{3} \cdot \frac{9}{5}\right) = \frac{2\sqrt{3}}{5} \text{ für } A_0 = \frac{\sqrt{3}}{4}.$$

Darstellungen entstehen nun ungewöhnliche Gebilde und Zahlenmengen, denen folgende Eigenschaft gemein ist:

„Das mathematische Fraktal ist die Grenzfigur, das Limesbild eines iterativen Bildungsprozesses. Was wir physisch sehen, sind stets nur Vorstufen. Das ‚wahre' Fraktal entsteht im Kopf."[42]

Durch diese fraktalen Strukturen wird die Modellierung von natürlichen Objekten möglich, deren Beschreibung bisher als unmöglich galt und es entsteht ein weites Anwendungsgebiet der Mathematik in den Naturwissenschaften. Heute werden fraktale Strukturen beispielsweise zur Maximierung von Oberflächen verwendet.

Ich möchte an dieser Stelle anmerken, dass eine tiefergehende Auseinandersetzung mit den Fraktalen die Klärung wichtiger Grundbegriffe wie der affinen Abbildung und der verschiedenen metrischen Räume nötig machen würde. Da ich mich in dieser Arbeit ausschließlich auf Fraktale beziehe, deren Konstruktion durch Abbildungen in der Euklidischen Ebene möglich ist, werde ich diese grundsätzliche Begriffsklärung an dieser Stelle nicht vornehmen, da sie den Umfang dieser – in erster Linie fachdidaktischen Arbeit – bei weitem überschreiten würde. Alle folgenden Ausführungen beziehen sich auf Fraktale in der Euklidische Ebene und die dort geltenden Axiome.

Ein wichtiges Merkmal von Fraktalen ist die Selbstähnlichkeit, die ich nun knapp skizzieren möchte: Es wird die einfache Selbstähnlichkeit von der exakten Selbstähnlichkeit unterschieden. Der einfachen Selbstähnlichkeit liegt das Prinzip zugrunde, dass sich ein Objekt aus seinen gestauchten oder gestreckten Kopien zusammensetzt. Sie ist in der Natur häufig anzutreffen, beispielsweise in sogenannten „natürlichen Fraktalen" wie Farnblättern, Blumenkohl, Romanesco und Broccoli, aber auch in der Struktur der Lunge mit ihren wiederkehrenden Verzweigungen.

Exakte Selbstähnlichkeit hingegen ist ein mathematisches Konzept, sie liegt dann vor, wenn ein geometrisches Objekt bei unendlicher Vergrößerung oder Verkleinerung stets die gleiche Struktur aufweist. In diesem Zusammenhang wird auch der Ausdruck der Skaleninvarianz benutzt.

Die Selbstähnlichkeit bezieht sich auf den geometrischen Begriff der Ähnlichkeit, der in der Euklidischen Geometrie folgendermaßen definiert ist: Zwei geometrische Figuren sind zueinander ähnlich, sofern alle ihre Winkel kongruent sind. Ähnliche Objekte können durch zentrische Streckungen um den Streckfaktor

---

[42] Dörte Haftendorn, *Mathematik sehen und verstehen. Schlüssel zur Welt*, Spektrum Heidelberg 2010, S. 90.

$k(k \in \mathbb{R}, k \neq 0)$ verknüpft mit Kongruenzabbildungen (Verschiebung, Drehung, Spiegelung) aufeinander abgebildet werden.

Die Definition der exakten Selbstähnlichkeit ist sehr streng und Dörte Haftendorn arbeitet in ihrem Buch *Mathematik sehen und verstehen* heraus, dass mit dieser Definition Fraktale wie die Koch-Schneeflocke, die sich aus drei Koch-Kurven zusammensetzt, nicht als Fraktal bezeichnet werden dürfte, was jedoch im Allgemeinen üblich ist.

Gleiches gilt, so die Autorin, für Fraktale, die sich selbst überschneiden, wie beispielsweise dem Pythagoras-Baum, der 1942 von dem Niederländer Albert E. Bosman konstruiert wurde. Hier wird durch iteratives Aufrufen der Konstruktionsvorschrift der Pythagorasfigur ein Fraktal erzeugt, das im Grenzfall der Form eines Baumes ähnelt (Abbildung 2.5).

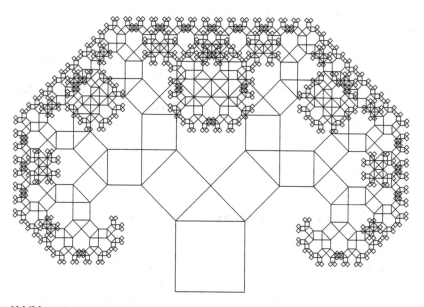

Abbildung 2.5 Der Pythagoras-Baum nach sieben Iterationsschritten

2.1.8 Der moderne Umgang mit dem Unendlichen in der Analysis und der Geometrie

In der heutigen Standard-Mathematik wird ‚Unendlich' üblicherweise nicht als Zahl aufgefasst.[43] Der Grund dafür liegt unter anderem darin, dass die üblichen Zahlen als Elemente einer algebraischen Struktur – eines Körpers wie beispielsweise $\mathbb{Q}$ oder $\mathbb{R}$ – aufgefasst werden können, in denen einheitliche Regeln, die Körperaxiome, gelten. Bei einer Erweiterung der reellen Zahlen um die Elemente $\{\infty, -\infty\}$ würden beispielsweise die arithmetischen Operationen mit den bekannten Rechenregeln ihre Gültigkeit verlieren.

Dass es sich bei dieser Entscheidung letztendlich um eine Konvention handelt und nicht alternativlos ist, zeigt ein Blick in die Nichtstandardanalysis, in der „unendlich kleine" Quantitäten dem Körper der reellen Zahlen hinzugefügt werden. Als ein weiteres Beispiel, das mit dem Element $\{\infty\}$ arbeitet, ist die Möbiusgeometrie zu nennen, die Geraden als unendlich große Kreise auffasst.

Sowohl die Auseinandersetzung mit der Kardinalität der reellen Zahlen als auch ein Blick auf den Umgang mit dem Unendlichen in der modernen Mathematik zeigen, dass die mathematischen Forschungen lebendig, nicht abgeschlossen und voller Höhen und Tiefen ist. Diese Lebendigkeit und Unabgeschlossenheit möchte ich mit der von mir geplanten Unterrichtsreihe im Sinne des genetischen Prinzips betonen und in den Mathematikunterricht transportieren.

2.2 Mathematikdidaktische Aussagen zum Inhalt des Projektes

2.2.1 Über den Bildungswert einer Auseinandersetzung mit der Unendlichkeit

Um mich über den Bildungswert des hier vorgestellten Projektes zu äußern, nehme ich zwei verschiedene Perspektiven ein. Zunächst werde ich meinen Fokus auf die Frage richten, warum es für SchülerInnen im Allgemeinen sinnvoll sein kann, sich mit dem Konzept der Unendlichkeit zu befassen. Anschließend nehme ich eine innermathematische Perspektive ein und diskutiere, ob eine Auseinandersetzung mit der Unendlichkeit das zukünftige Verständnis mathematischer Inhalte erleichtern kann.

---

[43] Vgl. *Panorama der Mathematik*, S. 137.

2.2.1.1 Allgemeine Aspekte, die für eine Auseinandersetzung mit dem mathematischen Konzept der Unendlichkeit sprechen

Hier möchte ich zunächst an zwei Prinzipien erinnern, denen ein gelungener Mathematikunterricht gerecht werden soll: Zum einen das genetische Prinzip, das ich zu Beginn meiner Sachanalyse bereits erwähnte, zum anderen das Spiralprinzip. Ein Mathematikunterricht nach dem genetischen Prinzip möchte unter anderem die Tatsache abbilden, dass die Mathematik entgegen vieler Vorurteile keine abgeschlossene Sammlung von Fakten und Formeln, sondern eine lebendige, diskussionsfreudige Wissenschaft ist. Dies gilt sowohl für die historische Genese mathematischer Inhalte als auch für die gegenwärtig betriebene Wissenschaft. Dem genetischen Prinzip gerecht werden zu wollen ist dementsprechend eine Aussage über das Selbstverständnis, mit dem das Schulfach Mathematik auftritt. Hier geht die trockene, sich mit Formeln begnügende und in Pseudo-Anwendungsaufgaben gekleidete Mathematik gegen eine emotionale und mitreißende Wissenschaft in den Ring.

Winter formuliert einen weiteren Aspekt, der Lernen nach dem genetischen Prinzip wertvoll macht: „Etwas Mathematisches kann umso besser verstanden werden, je besser man seine Entdeckungsgeschichte kennt."[44] Ein Lernen, das historische Zusammenhänge herstellt, so lautet seine These, ist grundsätzlich intensiver und nachhaltiger – und sollte auch wegen dieses lernpsychologischen Argumentes im Mathematikunterricht seinen Platz haben.

Dass die Auseinandersetzung mit der Unendlichkeit in der mathematischen Wissenschaft von großer Relevanz ist und war, zeige ich in meiner Sachanalyse. Folglich ist es nach dem genetischen Prinzip angemessen, dieses Thema auch in der Schulmathematik aufzugreifen.

Nun mögen Skeptiker einwerfen, dass es zahlreiche gewichtige Themenfelder der Mathematik gibt, die nicht im Mathematikunterricht thematisiert werden, weil die Inhalte zu schwer und den SchülerInnen nicht zumutbar sind – und der Verweis der Relevanz der Unendlichkeit im mathematischen Diskurs also nicht Grund genug ist, sie zum geeigneten Schulstoff zu erklären.

Doch ich möchte darauf erwidern, dass das Konzept der Unendlichkeit Einzug in den Mathematikunterricht halten soll, weil es gewichtig *und* – didaktisch angemessen aufbereitet – vermittelbar ist: Es kommt ohne eine komplizierte Formelsprache aus und lässt sich unter Einbeziehung der persönlichen Intuition der SchülerInnen diskutieren. So ist beispielsweise die Frage, ob es mehr rationale als natürliche Zahlen gibt, voraussetzungsarm: Die SchülerInnen müssen für ihre

---

[44] Winter, S. vii (im Vorwort).

Beantwortung nicht auf andere mathematische Konzepte zurückgreifen, sie können durch reine Denkarbeit nach einer Antwort suchen. Für den Beweis des dazugehörigen Satzes gilt das Gleiche. Er funktioniert ikonisch und es bedarf keiner komplizierten Argumentation oder Formelsprache, um ihn zu vermitteln. All diese Aspekte machen deutlich, dass eine Auseinandersetzung mit dem mathematischen Konzept der Unendlichkeit und seiner Genese im Mathematikunterricht der Sekundarstufe I lohnend sein kann.

Ausgehend von den zuvor angeführten Argumenten komme ich nun auf das Spiralprinzip zu sprechen, das mit dem genetischen Prinzip verwandt ist. Das Spiralprinzip besagt fächerübergreifend, dass das Curriculum spiralförmig aufgebaut sein soll und somit Inhalte in verschiedenen Altersstufen immer wieder aufgegriffen, ausdifferenziert und mit neuen Vorstellungen angereichert werden. Der Rahmenlehrplan versucht diesem Prinzip durch die Formulierung von Leitideen gerecht zu werden, mit denen sich LehreInnen und SchülerInnen wiederkehrend in allen Jahrgangsstufen auseinandersetzen. Die Idee, sich mit wenigen Grundideen von weitreichender Bedeutung statt mit Unmengen von einzelnen Aspekten der Mathematik zu beschäftigen, geht auf den britischen Philosophen und Mathematiker Alfrad North Whitehead zurück, der sie im Jahr 1929 formulierte.

Die Leitidee, unter die sich eine Auseinandersetzung mit der Unendlichkeit einordnen lässt, heißt *Zahlen und Operationen,* abgekürzt als *L1* zu finden. Im aktuellen Rahmenlehrplan von Berlin und Brandenburg findet sich folgendes Zitat über diese Leitidee:

> „Die Schülerinnen und Schüler entwickeln, ausgehend von den natürlichen Zahlen, tragfähige Vorstellungen zu Zahlen, Operationen und Strategien in verschiedenen Zahlbereichen, die sie z.B. durch den Wechsel zwischen verschiedenen Darstellungsformen nachweisen."[45]

Unter die „tragfähigen Vorstellungen zu Zahlen" lassen sich, so meine These, auch die Fragen nach der Unendlichkeit und der unendlichen Teilbarkeit fassen. Ich schließe daraus, dass es dem Thema auch mit Blick auf den Rahmenlehrplan nicht an grundsätzlicher Relevanz mangelt und es der Ausbildung dieser tragfähigen Vorstellung zuträglich ist, wenn die hier vorgetragenen Inhalte schon in den unteren Klassen der Sekundarstufe I explizit thematisiert werden.

---

[45] *Rahmenlehrplan für Berlin und Brandenburg,* veröffentlicht und herausgegeben von der Berliner Senatsverwaltung für Bildung, Jugend und Familie sowie dem Ministerium für Bildung, Jugend und Sport des Landes Brandenburg am 18.11. 2015. Teil C: Mathematik, Jahrgangsstufen 1–10, S. 8. (Im Weiteren als *RLP Sek. I* abgekürzt.)

Ich möchte nun kurz auf den soeben von mir erwähnten Aspekt zurückkommen, dass eine Auseinandersetzung mit der Unendlichkeit voraussetzungsarm ist – und ein weiteres Argument anknüpfen, warum die Auseinandersetzung mit der Unendlichkeit einen Bildungswert hat. Hierfür beziehe ich mich erneut auf Winter, der von dem besonderen Bildungswert sogenannter Initiationsprobleme spricht. Als ein Initiationsproblem bezeichnet er ein Problem, „das ohne systematisches Vorwissen und ohne technische Fertigkeiten erfasst, im Wesentlichen selbsttätig gelöst und vor allem restlos verstanden werden kann."[46] Der besondere Bildungswert solcher Initialprobleme liegt laut Winter darin, dass „gerade der Mathematik fernstehende, entmutigte, ja hasserfüllte Lernende die Chance für einen Einstieg oder Wiedereinstieg (erhalten sollen),"[47] indem sie erleben, wie sie allein mit Mitteln des alltäglichen Denkens erfolgreich sein können. Die Forschungsaufgaben, die die SchülerInnen im Rahmen dieses Projektes erarbeiten, besitzen in meinen Augen häufig die Eigenschaften von Initiationsproblemen.

Allerdings möchte ich an dieser Stelle auch anmerken, dass eine Ausstrahlung eines Erfolgserlebnisses bei den zuvor beschriebenen Lernenden auf den üblichen Mathematikunterricht möglicherweise nicht gegeben ist.

Abschließend wende ich mich einer Frage zu, deren Beantwortung den Umfang dieser Arbeit bei weitem übersteigen würde, die ich dennoch nicht völlig unkommentiert lassen möchte. Es handelt sich um die Frage nach dem Nutzen der Auseinandersetzung mit der Unendlichkeit für das spätere private, öffentliche oder berufliche Leben der SchülerInnen. Dieser Frage liegt das Konzept von Schule im Sinne einer Qualifizierung zugrunde – und ausgehend von diesem Konzept müsste man den hier vorgestellten Unterrichtsinhalten zumindest aus der Perspektive einer allgemeinen (und nicht innermathematischen) Funktionalität seine Nutzlosigkeit bescheinigen. Ich möchte jedoch betonen, dass dieses Konzept von Schule von weiten Teilen der Didaktik abgelehnt wird und stattdessen das Augenmerk auf die Verantwortung der Institution Schule bei der Ausbildung mündiger, denkfreudiger Individuen gelegt wird. Ein solches Ziel verfolgt nach Winter ein Mathematikunterricht, der die Lernenden die folgende Grunderfahrung machen lässt: „Mathematische Gegenstände und Sachverhalte, repräsentiert in Sprache, Symbolen, Bildern und Formeln, als geistige Schöpfung, als eine deduktiv geordnete Welt eigener Art kennen zu lernen und zu begreifen."[48] Eine Auseinandersetzung mit der Unendlichkeit bietet Einblicke in

---

[46] Winter 2016, S. 32.
[47] Winter 2016, S. 32.
[48] Heinrich Winand Winter, *Mathematikunterricht und Allgemeinbildung*. In: *Mitteilungen der Gesellschaft für Didaktik der Mathematik* 61 (1995), S. 37–46.

diese deduktiv geordnete Welt der Mathematik und damit ist ihr ein Bildungswert inhärent.

2.2.1.2 Fachspezifische Aspekte, die Vorteile für den weiteren Fachunterricht mit sich bringen

Nach einer Auseinandersetzung mit diesen Argumenten grundsätzlicher Art richte ich nun meinen Blick auf das zukünftige Lernen im Mathematikunterricht und frage ganz konkret, wann SchülerInnen in ihrer weiteren Schullaufbahn an eine Auseinandersetzung mit der Unendlichkeit in der Jahrgangsstufe 6/7 anknüpfen könnten.

Es wird sich im Folgenden zeigen, dass eine Auseinandersetzung mit dem Konzept der Unendlichkeit bzw. der unendlichen Teilbarkeit im Mathematikunterricht häufig über eine Auseinandersetzung mit Grenzwerten erfolgt. Aus diesem Grund möchte ich an dieser Stelle einen knappen Einschub zum Thema Grenzwertbetrachtungen im Mathematikunterricht vornehmen.

Einschub: Grenzwertbetrachtungen im Mathematikunterricht

In den 1960er Jahren war eine stärkere Orientierung der Schulmathematik an der Hochschulmathematik gängig, was sich zum Beispiel darin zeigt, dass die Definition des Grenzwertbegriffes unter Bezugnahme auf den Folgenbegriff üblich war. Dieses Vorgehen wurden in den 1970er Jahren vielfach kritisiert und folglich abgeschafft, an die Stelle dieser strengen Grenzwertbetrachtung tritt das Konzept des „intuitiven" oder „propädeutischen" Grenzwertbegriffes, der in den KMK-Standards als Mittel der Wahl im Rahmen der Grenzwertbetrachtung festgesetzt wurde.[49]

Bei dem Konzept des intuitiven Grenzwertbegriffes wird auf eine exakte Definition des Grenzwertes unter Zuhilfenahme des Folgenbegriffes verzichtet. An ihre Stelle treten intuitive Aussagen wie „kommt dem Wert . . . beliebig nahe", „unterscheidet sich von . . . beliebig wenig" oder „der Fehler bzgl. . . . bleibt unterhalb jeder vorgegebenen Meßgenauigkeit".[50] Allerdings betonen die Autoren dieses Konzeptes, unter anderem Jahner, Blum und Kirsch, dass die Bedeutung des Folgenbegriffs damit nicht als obsolet für die Schulmathematik erklärt werden soll. Auch die Autoren von *Didaktik der Analysis* halten fest, dass auch bei „dem Konzept des propädeutischen Grenzwertbegriffs (…) auf Vorerfahrungen und ausgeprägte Grundvorstellungen zum Folgenbegriff, auf Erfahrungen mit schrittweisem Nähern im Sinne eines potenziell unendlichen Prozesses (…) nicht verzichtet werden kann."[51] Die Autoren schreiben weiter, dass „eine schrittweise – diskrete – Annäherung an das Unendliche deshalb zumindest als eine intuitive Vorstellung zentraler Bestandteil bei der Entwicklung des

---

[49] *Bildungsstandards im Fach Mathematik für die Allgemeine Hochschulreife* (Beschluss der Kultusministerkonferenz vom 18.10.2012), Wolters Kluwer, Köln 2012, S. 22.

[50] Vgl. *Didaktik der Analysis*, S. 81.

[51] Vgl. *Didaktik der Analysis*, S. 82.

Grenzwertbegriffs bleiben muss." Aus der Sicht der Mathematikdidaktiker ist es eine wichtige Aufgabe des Mathematikunterrichts in der Sekundarstufe I, dafür eine Basis zu legen."[52] Diese Basisarbeit müsse unter anderem das Verständnis fördern, dass ein Grenzwert ein Wert ist, in dessen Nähe sich „fast alle" Folgeglieder befinden. Dieses Verständnis setzt jedoch wiederum ein Verständnis dafür voraus, dass der Ausdruck „fast alle" synonym mit „alle bis auf endlich viele" benutzt wird, der seinerseits auf ein vorhandenes Verständnis des Unendlichkeitsbegriffs rekurriert.[53]

In *Didaktik der Analysis* unterscheiden die Autoren die folgenden drei Grundvorstellungen des Grenzwertbegriffs, die sich Lernende für ein fundiertes Verständnis erarbeiten müssen:[54]

- *Die Annäherungsvorstellung:* Das Annähern der Folgeglieder an einen festen Wert entspricht der intuitiven Vorstellung des Grenzwertes.
- *Die Umgebungsvorstellung:* In jeder noch so kleinen Umgebung um den Grenzwert liegen ab einem bestimmten Folgeglied alle weiteren Glieder.
- *Die Objektvorstellung:* Grenzwerte werden als mathematische Objekte erkannt, die durch eine Folge – eine Zahlenfolge oder eine Folge geometrischer Objekte etwa – konstruiert wird.

Mit diesem Einschub erhoffe ich mir, einen knappen Überblick über den Einsatz des Grenzwertes im Mathematikunterricht gegeben haben zu können.

Im Folgenden werde ich verschiedene Themenfelder des Mathematikunterrichts beleuchten, die ein intuitives Grundverständnis für das Konzept der Unendlichkeit oder der unendlichen Teilbarkeit voraussetzen.

Als das wichtigste Themenfeld ist zunächst die Einführung der Menge der reellen Zahlen zu nennen. Der Mathematikunterricht ist ab diesem Zeitpunkt im Allgemeinen durchdrungen von dem Konzept der unendlichen Teilbarkeit. Doch darüber hinaus frage ich, an welchen Stellen im Rahmenlehrplan der Sekundarstufe I und II die Unendlichkeit als bestehendes mathematisches Konzept implizit vorausgesetzt wird.

Die Einführung der reellen Zahlen (Niveaustufe G)
Als *der* große Entwicklungsschritt hin zu einem mathematischen Verständnis der unendlichen Teilbarkeit ist die Einführung der irrationalen Zahlen und die Zahlbereichserweiterung von $\mathbb{Q}$ nach $\mathbb{R}$ zu nennen, die laut Rahmenlehrplan in der

---

[52] Vgl. *Didaktik der Analysis*, S. 82.

[53] Vgl. *Didaktik der Analysis,*. S. 103.

[54] Vgl. *Didaktik der Analysis*, S. 104 ff.

Niveaustufe G erfolgt.[55] Die SchülerInnen kennen zu diesem Zeitpunkt schon die Mengen der natürlichen, ganzen und rationalen Zahlen und ihre Teilmengenbeziehungen. Über die Einführung periodischer Zahlen sind sie mit der Idee konfrontiert worden, dass die Nachkommastellen unendlich weitergeführt werden.[56] Diese Zahlen ließen sich jedoch bisher immer unkompliziert als Brüche oder Dezimalzahlen mit dem Periodenstrich schreiben.

Die Erweiterung des Zahlbereichs von der Menge der rationalen Zahlen $\mathbb{Q}$ zur Menge der reellen Zahlen $\mathbb{R}$ findet in der Sekundarstufe I üblicherweise im Zusammenhang mit dem Lösen quadratischer Gleichungen und der Einführung von Quadratwurzeln statt. Die Frage nach der Lösung der Gleichung $x^2 = 2$ oder nach der Länge der Diagonalen im Quadrat mit Seitenlänge $s = 1$ führt unmittelbar zu der Erkenntnis, dass neben den bereits bekannten Zahlbereichen weitere existieren müssen.

In der Literatur zur Mathematikdidaktik wird unter anderem vorgeschlagen, die unendliche Teilung, die jeder irrationalen Zahl zu Grunde, liegt, unter Rückbezug auf das bereits vertraute Stellenwertsystem und die Schreibweise als Dezimalbruch zu veranschaulichen. Dieses Vorgehen, so die Didaktiker, könne helfen, die Merkmale irrationaler Zahlen auf intuitiver Ebene zu begreifen.[57] So könnte eine Zahl folgendermaßen dargestellte werden:

$$134,5478\ldots = 1 \cdot 100 + 3 \cdot 10 + 4 \cdot 1 + 5 \cdot \frac{1}{10} + 4 \cdot \frac{1}{100}$$
$$+ 7 \cdot \frac{1}{1000} + 8 \cdot \frac{1}{10000} + \ldots$$

Eine Definition, die auf diesen Grundgedanken rekurriert, wäre die folgende:

„Reelle Zahlen werden durch endliche oder unendliche Dezimalbrüche dargestellt. Reelle Zahlen, die nicht rational sind, werden als irrationale Zahlen bezeichnet. Diese besitzen also eine unendliche, nichtperiodische Dezimalbruchentwicklung."[58]

Meinem hier vorgestellten Projekt liegt unter anderem die Idee zu Grunde, dass das Wesen der irrationalen Zahlen in der Niveaustufe G leichter erfasst werden kann, wenn vorab eine spielerische, intuitive Auseinandersetzung mit der

---

[55] *RLP Sek. I*, S. 38.
[56] Vgl. *RLP Sek. I*, S. 36.
[57] Vgl. *Didaktik der Analysis* S. 31.
[58] Vgl. *Didaktik der Analysis*, S. 31.

unendlichen Teilbarkeit stattfand – beispielsweise durch die Betrachtung eines Fraktals.

Der Grenzwert als mathematisches Objekt im Geometrieunterricht (Niveaustufe H)
Unter der Leitidee *Größen und Messen* findet sich in der Niveaustufe H das „näherungsweise Bestimmen von Flächeninhalt und Umfang krummlinig begrenzter ebener Figuren."[59] Dies kann beispielsweise das Bilden einer Folge von regelmäßigen Polygonen zur Exhaustion der Kreisfläche sein. In diesem Zusammenhang bietet sich die Möglichkeit, die zentrale Methode der Bildung einer Ober-und Untersumme der Integralrechnung vorzubereiten.

Das empirische Gesetz der großen Zahlen (Niveaustufe H)
Auch über die bisher genannten Inhalte hinaus wird auch unter der Leitidee *Daten und Zufall* mit einem impliziten Konzept der Unendlichkeit gearbeitet: In der Niveaustufe H wird das empirische Gesetz der großen Zahlen eingeführt[60] und in der Sekundarstufe II grundlegend zur Analyse stochastischer Zusammenhänge genutzt. Für das Verständnis dieses Gesetzes ist es unabdingbar, dass die SchülerInnen es als eine Aussage über einen Grenzwert erfassen.

Leitidee Algorithmus und Zahl (Qualifikationsphase)
Unter der Leitidee *Algorithmus und Zahl* soll die „die Vorstellung von den reellen Zahlen durch Approximation mittels infinitesimaler Methoden"[61] gefördert werden. Hierunter fällt beispielsweise die Anwendung eines Iterationsverfahrens, etwa des Newton-Verfahrens, um Nullstellen zu approximieren.

Im erhöhten Anforderungsniveau sollen die SchülerInnen laut Rahmenlehrplan unter der Leitidee *Algorithmus und Zahl* die Kompetenz erwerben, „Grenzwerte (von Zahlenfolgen und Funktionen) auf der Grundlage eines propädeutischen Grenzwertbegriffes insbesondere bei der Bestimmung von Ableitung und Integral zu nutzen."[62]

Eine frühe Auseinandersetzung mit der Unendlichkeit kann vom innermathematischen Standpunkt aus zu einem tiefgründigen Verständnis des Grenzwertbegriffes beitragen und damit auch unter wissenschaftspropädeutischen

---

[59] *RLP Sek. I*, S. 44.
[60] Vgl. *RLP Sek. I*, S. 61.
[61] *Rahmenlehrplan für den Unterricht in der gymnasialen Oberstufe*, Mathematik, herausgegeben von der Senatsverwaltung für Bildung, Jugend und Wissenschaft Berlin, gültig ab dem 1. August 2014, S. 24. (Im Weiteren als *RLP Sek. II* abgekürzt.)
[62] *RLP Sek. II*, S. 24.

Gesichtspunkten sehr wertvoll sein – schließlich ist der Mathematikunterricht auf erhöhtem Anforderungsniveau auch vor dem Hintergrund einer Vorbereitung auf ein naturwissenschaftlich-mathematisches Hochschulstudium zu betrachten.

Leitidee Messen (Qualifikationsphase)
In der Leitidee *Messen* wird das Bestimmen und Deuten von Größen aus der Sekundarstufe I unter anderem um „infinitesimale Methoden"[63] erweitert: Die Änderungsraten sowie (re-)konstruierte Bestände werden hierbei unter Rückgriff auf die Operationen der Differential- und Integralrechnung ermittelt. Beide Konzepte, das der Differential- und das der Integralrechnung, bleiben ohne das dazugehörige Verständnis für die ihnen zugrundeliegenden Grenzwertentwicklungen ein kalkülhaftes Abarbeiten von mathematischen Regeln, das den SchülerInnen gewichtige Einblicke in die Mathematik verwehren würde.

2.2.1.3 Die Sicht der Mathematikdidaktik auf das Thema
Ich werde im Folgenden schildern, wie sich die Mathematikdidaktik zu dem von mir zuvor eröffneten Themenfeld positioniert. Hierbei beziehe ich mich hauptsächlich auf die Aufsätze der MathematikdidaktikerInnen Deborah Wörner und Andreas Marx, die den Stand der Forschung umfassend beleuchten.

Deborah Wörner fasst in ihrem Artikel *Faszination Unendlich – Zum Verständnis eines Unendlichkeitsbegriffs im Mathematikunterricht*[64] die Forschungsergebnisse der vergangenen Jahrzehnte zu der Frage, ob und – wenn ja – welche Rolle der Unendlichkeitsbegriff im Mathematikunterricht spielt, zusammen. Diese Studien zeigen, so die Wissenschaftlerin, dass bei SchülerInnen aller Schultypen nicht mehr als ein „intuitives Verständnis" zum Begriff der Unendlichkeit ausgebildet ist. In den Studien, die SchülerInnen aller Schultypen befragten, gelten folgende Antworten auf die Frage, was Unendlichkeit sei, als Indikator für ein intuitives Verständnis zum Begriff der Unendlichkeit: „Gott", „die größte Zahl", „das Symbol ∞", „das Universum" oder „etwas ohne Ende". Die Autorin legt dar, dass eine Analyse des Lehrmaterials diese Studienergebnisse widerspiegele. So benutze der Mathematikunterricht zwar den Begriff der Unendlichkeit an zahlreichen Stellen, behandle ihn aber an keiner Stelle explizit.

---

[63] *RLP Sek. II*, S. 25.

[64] Deborah Wörner, *Faszination Unendlich – Zum Verständnis eines Unendlichkeitsbegriffs im Mathematikunterricht*, erschienen in: Gilbert Greefrath, Friedhelm Käpnick, Martin Stein, *Beiträge zum Mathematikunterricht 2013. Beiträge zur 47. Jahrestagung der Gesellschaft für Didaktik der Mathematik vom 4. bis 8. März 2013 in Münster*, WTM-Verlag, Münster 2013, S. 1373 f.

Die verschiedenen Studien kommen, so die Autorin, zu dem Schluss, „dass Schüler (…) häufig mit ihren eigens entwickelten individuellen Vorstellungen zur Unendlichkeit im Mathematikunterricht alleine gelassen werden."[65] Wörner plädiert als Reaktion auf diesen Schluss dazu, diese vorhandenen Defizite zu einem der zentralen Begriffe des Mathematikunterrichts zu beheben. Sie skizziert Ideen, auf welche Weise dies passieren könnte. Grundsätzlich fordert sie, den Unendlichkeitsbegriff „langfristig in den Mathematikunterricht zu integrieren."[66] Bereits in der Grundschule müsse an die alltäglichen Vorstellungen der Kinder zur Unendlichkeit angeknüpft werden. In der 5. und 6. Klasse könne mit aktual unendlichen Mengen gearbeitet werden, indem die Mächtigkeit der natürlichen Zahlen bestimmt und Bijektionen zu echten Teilmengen hergestellt werden. Nach den Zahlbereichserweiterungen der ganzen und rationalen Zahlen können diese Zusammenhänge erneut erforscht werden und Bijektionen zu den natürlichen Zahlen hergestellt werden. Die Autorin betont in diesem Kontext die Eignung von Cantors Beweis der Abzählbarkeit der rationalen Zahlen, weil dieser der spontanen Intuition, dass es mehr Brüche als natürliche Zahlen gibt, entgegenstehe.

In den höheren Jahrgangsstufen der Sekundarstufe I hält Wörner parallel zur Einführung der reellen Zahlen die Behandlung von Cantors Diagonalverfahren für ebenso passend und geboten wie die Auseinandersetzung mit der Erkenntnis, dass „nicht nur eine Unendlichkeit existiere."[67]

Im Gegensatz zu Wörner betrachtet Andreas Marx in seinem Artikel *Schülervorstellungen zu unendlichen Prozessen*[68] nicht das Konzept Unendlichkeit im Ganzen, sondern er richtet seinen Fokus auf die Frage, „wie Schüler der ausgehenden Mittelstufe sich dem Problem des Grenzwerts einer Folge nähern und auf welche Vorstellungen sie dabei zurückgreifen."[69] Eine Analyse des Lehrmaterials und der Rahmenlehrpläne veranlasst ihn zu folgender Aussage: „Es zeigt sich eine nicht so recht stimmen wollende Gesamtlage, in der Folgen und ihre Grenzwerte im Mathematikunterricht in vielen Bereichen zwar präsent sind, aber selten expliziert werden."[70]

---

[65] Wörner 2013, S. 1373.

[66] Wörner 2013, S. 1373.

[67] Wörner 2013, S. 1374.

[68] Andreas Marx, *Schülervorstellungen zu unendlichen Prozessen – Die metaphorische Deutung des Grenzwerts als Ergebnis eines unendlichen Prozesses*, in: *Journal für Mathematik-Didaktik*, February 2013, Volume 34, Issue 1, S. 73–97.

[69] Marx 2013, S. 74.

[70] Marx 2013, S. 74.

Ausgehend von dieser Beobachtung stellt Marx in seiner Forschungsarbeit die Frage, welche Vorstellungen die SchülerInnen unter diesen Umständen im Kontext des Grenzwertbegriffs entwickeln. Er arbeitet unter Rückbezug verschiedener Forschungsergebnisse typische Fehlkonzepte zum Umgang mit dem Grenzwert von Folgen heraus. Diese verbreiteten Fehlkonzepte hier knapp zu thematisieren erachte ich als sinnvoll, da aus ihnen möglicherweise ein Bedarf an Grundlagenarbeit zu diesem Thema in der Sekundarstufe I abgeleitet werden kann.

Verbreitete Fehlkonzepte zum Grenzwertbegriff
Marx berichtet von Monagham, der in seiner Studie *Young peoples' ideas of infinity* beobachtet, dass etwa ein Drittel aller Probanden den Ausdruck „unendlich groß" als eine Art sehr große Zahl und „unendlich klein" entsprechend als eine Art sehr kleine Zahl betrachten. Aus diesem Verständnis erwächst die Fehlvorstellung, dass das unendlich Große bzw. unendlich Kleine ein beim Durchlaufen der Folge tatsächlich erreicht wird und eine Art letztes Folgeglied darstellt.[71]

Bereits 10 Jahre zuvor berichtet Williams in seiner Studie *Models of limit held by college calculus students*, dass sich im Umgang mit dem Grenzwertbegriff „pragmatische Schülervorgehensweisen" beobachten lassen: „Sie zeichnen sich dadurch aus, dass sie den Grenzwert als eine Zahl ansehen, der man näher und näher komme, bis man sie schließlich erreiche."[72]

Diesen Fehlkonzepten liegt, so meine These, ein fehlendes Verständnis des mathematischen Ausdrucks „beliebig klein" oder „beliebig groß" zugrunde. Diese gängige Formulierung der Analysis rekurriert wie in der Sachanalyse dargestellt auf den Begriff der potentiellen Unendlichkeit, die zwar nicht als Objekt – aber dennoch als Prozess vorliegt. Der Vorschlag Wörners, den Begriff der Unendlichkeit langfristig in den Mathematikunterricht zu integrieren und somit die Ausbildung der genannten Fehlkonzepte zu vermeiden, erscheint in diesem Kontext als sinnvoll und folgerichtig.

Die dynamische Sicht auf den Grenzwertbegriff – Gefahr oder Chance?
Eine dynamische Grundvorstellung des Grenzwertbegriffs ist diejenige, die den Folgenindex als Zeit deutet. Im Sinne eines zeitlichen Durchschreitens gleicht der unendliche Prozess einer unendlichen Wanderung auf den Folgegliedern, wobei das Ziel – der Grenzwert – nie erreicht wird.[73]

---

[71] Vgl. Marx 2013, S. 76.
[72] Marx 2013, S. 76.
[73] Marx 2013, S. 76.

Diese Sicht auf den Grenzwertbegriff ist nicht unumstritten in der Mathematikdidaktik und ich möchte unter Rückbezug auf Marx' Forschungsergebnisse die Einwände dagegen darlegen und prüfen.

Die Befürworter der statischen Grundvorstellung gehen von der formalen Definition des Grenzwertbegriffs aus. Die Begründung, warum dynamische Sichtweisen zum Grenzwertbegriff kritisch gesehen werden müssen, ist laut dem Mathematikdidaktiker Peter Bender die Folgende: „Jede Folge, die aus einer gegebenen konvergenten Folge durch Permutation der Glieder hervorgeht, hat denselben Grenzwert wie diese. – Diese überraschende Tatsache stellt die Bedeutung der dynamischen, prozeßhaften, iterativen, algorithmischen (und was der Schlagwörter mehr sind) Sichtweise von Grenzwert doch tiefgreifend in Frage. Solche Sichtweisen, die auf irgendeine Weise zeitliche Abläufe in die Mathematik bringen, wohnen dieser nicht von vorneherein inne (für diese Überzeugung muss man nicht Bourbakist sein), sondern es sind Anthropomorphismen, die ihr aufgeprägt werden, weil mit deren Hilfe sich (auch beim Mathematiker!) häufig geeignete GVV [Grundvorstellungen und Grundverständnis] ausbilden lassen. Ihre Eignung muss von Mal zu Mal geprüft werden; und beim Grenzwertbegriff fällt diese Prüfung negativ aus."[74]

Marx relativiert diese Aussage, indem er darlegt, dass sich das dynamische und das statische Konzept nicht ohne weiteres als verschiedene Grundvorstellungen kategorisieren lassen – zu verschieden ist ihr jeweiliger Kontext. Während es sich bei der statischen Sicht auf den Grenzwertbegriff um eine „auf der Gemeinschaft der Mathematiker akzeptierten definierenden Beschreibung des Grenzwertbegriffs"[75] handele, sei eine dynamische Sicht auf den Grenzwert eine mentale Repräsentation des mathematischen Begriffs *Grenzwert*. Es sei wünschenswert und positiv zu bewerten, dass die individuelle Begriffsgenese eines Lernenden auch bildhafte Elemente und mit diesen in Verbindung stehenden dynamische Vorstellungen ausbilde. Marx warnt davor, in der Didaktik den Fehler zu begehen, eine mentale Repräsentation eines mathematischen Begriffs mit seiner Definition innerhalb der mathematischen Theorie gleichzusetzen. Stattdessen appelliert er an die MathematiklehrerInnen, diese dynamischen Sichtweisen aufzugreifen und aufzuarbeiten, statt sie aus dem Unterricht zu verbannen.

---

[74] Andreas Marx 2013, S. 76 f.
[75] Andreas Marx 2013, S. 94.

Aufgrund der Ergebnisse dieser didaktischen Analyse komme ich zu dem Schluss, dass eine explizite Beschäftigung mit dem mathematischen Konzept der Unendlichkeit in der Sekundarstufe I – und im Speziellen vor der Einführung der reellen Zahlen – sinnvoll ist. Die Gründe hierfür habe ich ausführlich herausgearbeitet. Doch wie kann eine solche Unterrichtsreihe didaktisch angemessen aufbereitet werden? Der Beantwortung dieser Frage wende ich mich im folgenden Teil der didaktischen Analyse zu.

2.2.2 Über die Idee, erzählend Mathematik zu betreiben

Der Titel dieser Masterarbeit verrät, dass die SchülerInnen, die an diesem Projekt teilnehmen, in das Gewand von ForscherInnen schlüpfen. Doch wie ist es möglich, einen so abstrakten Begriff wie die Unendlichkeit zu erforschen? Ein Feldversuch kommt hier nicht in Frage, und auch der Einsatz von Messgeräten, Reagenzgläsern und ähnlichem dürfte wenig erfolgsversprechend sein, um Schlüsse über das Wesen der Unendlichkeit ziehen zu können.

Das Experimentierfeld, auf das sich die SchülerInnen der Jahrgangsstufe 6 und 7 begeben, ist ein fiktives: Sie folgen zwei Jugendlichen, die – aufgefordert von einer geheimnisvollen Nachricht – den Garten der Unendlichkeit erforschen. Dieser sonderbare Ort sieht nicht nur anders aus, als alles was die beiden SchülerInnen Alin und Samy jemals gesehen haben, im Laufe der Erzählung lernen sie auch, dass er sich den physikalischen Gesetzen ihrer gewohnten Welt zu entziehen scheint. Der Garten der Unendlichkeit ist der Schauplatz einer gleichnamigen Erzählung, deren Autorin ich bin und die im elektronischen Zusatzmaterial zu finden ist.

Das Format der hier vorgestellten Unterrichtsreihe ist ungewöhnlich, da eine Erzählung in ihrem Zentrum steht. Alle Arbeiten innerhalb der Unterrichtsstunden hangeln sich an ihren Inhalten entlang und die LehrerIn wird zur GeschichtenerzählerIn. Die beiden Jugendlichen Alin und Samy werden im Garten der Unendlichkeit vor verschiedene Probleme der Unendlichkeit gestellt. Durch das Vorlesen der Erzählung werden eben diese Probleme auch an die SchülerInnen des Projekts herangetragen und sie werden aufgefordert, Alin und Samy bei der Suche nach Antworten zu unterstützen. Sie erhalten dafür Arbeitsblätter und verschiedene Materialien zur Veranschaulichung der Fragen, doch die Fragestellungen selbst gehen nicht über die in der Erzählung hinaus. Diese Fragen werden im Unterricht in Einzel-und Gruppenarbeiten sowie im Plenum erforscht, die Antworten auf die Fragen liefert immer der weitere Gang der Erzählung.

2.2.3 Entdeckendes Lernen im *Garten der Unendlichkeit*

Eine Nachricht an der Redaktionstür ihrer Schülerzeitung führt Alin und Samy zu jenem abgelegen Ort am Stadtrand, wo sie nach einer längeren Suche durch ein dichtes Dickicht das Eingangstor zum Garten der Unendlichkeit finden. Ihr Wissensdrang siegt über die Verunsicherung, die der geheimnisvolle Ort bei den beiden auslöst und sie betreten den völlig menschenleeren Garten, in dem die Pflanzen wie geometrische Muster geformt sind und es keine Unordnung zu geben scheint. Die Jugendlichen treffen bald ihren nicht weniger geheimnisvollen und vorerst einzigen Ansprechpartner: Den alten Gärtner Gereon, einen wortkargen und gutmütigen Mann mit wettergegerbtem Gesicht, der mit jeder Pflanze des Gartens vertraut zu sein scheint und ihnen erzählt, dass die Signora die Jugendlichen erwartet. Auf die vielen Fragen, die sie nach ihrem ersten Kennenlernen an ihn richten, erwidert er: „Gerne möchte ich euch helfen, diesen Ort zu erforschen. Doch die Antworten gebt nur ihr – nicht ich. Ich bin nur ein alter Gärtner."

Im weiteren Verlauf der Erzählung erhalten die Jugendlichen hin und wieder knappe Hinweise von dem Gärtner, der stets beschäftigt und arbeitsam scheint, unkommentiert verschwindet und wiederauftaucht. So werden Alin und Samy durch den Garten geleitet, ohne dass ihr Forscherdrang durch eine zu starke Anleitung eingeschränkt wird und erkunden verschiedene Fragen rund um die Unendlichkeit.

Diese Grundhaltung, die der Gärtner gegenüber den jungen Forschern zum Ausdruck bringt, steht Pate für die pädagogische Grundhaltung, die der Planung und Umsetzung dieses Projektes zu Grunde liegt: Es geht von einer natürlichen Neu- und Wissbegier der SchülerInnen aus, die nicht vor abstrakten Begriffen wie der Unendlichkeit Halt macht – sofern diese entsprechend aufbereitet sind.

Diese natürliche Wissbegierde zu stillen, so meine Annahme, führt zu einem wirkungsvollen, nachhaltigen Lernen. Der Mathematikdidaktiker Heinrich Winter teilt diese Ansicht und begründet das Konzept des *entdeckenden Lernens*, dem die Hauptthese zugrunde liegt, dass „das Lernen von Mathematik umso wirkungsvoller (ist), (…), je mehr der Fortschritt im Wissen, Können und Urteilen des Lernenden auf selbständigen entdeckerischen Unternehmungen beruht."[76] Für Winter ist im Konzept des entdeckendes Lernens die Idee enthalten, „das Wissenserwerb, Erkenntnisfortschritt und die Ertüchtigung in Problemlösefähigkeiten nicht schon durch Information von außen geschieht, sondern durch eigenes aktives Handeln unter Rekurs auf die schon vorhandene kognitive Struktur."[77] Allerdings, so der Didaktiker, sei entdeckendes Lernen nicht ohne einen lenkenden Rahmen und angemessene Impulse von außen möglich. Die Reise der beiden Jugendlichen Alin und Samy in die mathematische Welt der Unendlichkeit bieten, so meine These, zahlreiche Impulse um entdeckendes Lernen und damit verbundene Findungsbemühungen der SchülerInnen in Gang zu bringen.

2.3   Tabellarischer Überblick über die Reihe

In diesem Abschnitt stelle ich die Inhalte meines Projektes zur Erforschung der Unendlichkeit tabellarisch für jede der fünf Unterrichtsstunden dar, damit sich der Leser einen Überblick über die Unterrichtsreihe verschaffen kann. Unter 2.5 folgen die ausführlichen Stundenplanungen der einzelnen Unterrichtsstunden (Tabelle 2.1).

---

[76] Winter 2016, S. 2.
[77] Winter 2016, S. 2.

Tabelle 2.1 Die Unterrichtsreihe im Überblick

Stunde	Kompetenz	Stand der Erzählung	Mathematische Themen	Ablauf der Stunde
1	K1: Mathematisch argumentieren K2: Probleme mathematisch lösen	- Ankunft im Garten der Unendlichkeit - Verwunderung über den sonderbaren Ort - Kennenlernen des Gärtners, er leitet subtil und stellt die zentralen mathematischen Fragen (siehe mathematische Themen)	- intuitive Einführung in das Thema: Gibt es die Unendlichkeit? - Gilt die Aussage: $\lvert\mathbb{N}\rvert = \lvert 2\mathbb{N}\rvert$? (konkret: anhand von Eichhörnchen und Zypressen)	- **Abschnitt A** vorlesen - Aufgabe 1 bearbeiten und besprechen - **Abschnitt B** vorlesen - Aufgabe 2 bearbeiten und besprechen - Aufgabe 3 bearbeiten und besprechen
2	K1: Mathematisch argumentieren K5: Mit symbolischen, formalen, technischen Elementen der Mathematik umgehen	- Auseinandersetzung mit der Menge der ganzen Zahlen, die auf Kieselsteine graviert sind - Wasserlauf enthält Informationen zur Abzählbarkeit der rationalen Zahlen	- Gilt die Aussage: $\lvert\mathbb{N}\rvert = \lvert 2\mathbb{N}\rvert$? (abstrakt: anhand von Zahlenmengen) - Gilt die Aussage: $\lvert\mathbb{N}\rvert = \lvert\mathbb{Z}\rvert$? - Einführung des Begriffs „abzählbar" - Ist $\mathbb{Z}$ abzählbar? - Ist $\mathbb{Q}$ abzählbar? (Teil 1) - Einführung des Begriffs „überabzählbar" (Teil 1)	- **Abschnitt C** vorlesen - Aufgabe 4 bearbeiten und besprechen - **Abschnitt D** vorlesen - Aufgaben 5 und 6 bearbeiten und besprechen - **Abschnitt E** vorlesen - Aufgabe 7 bearbeiten
3	K1: Mathematisch argumentieren K2: Probleme mathematisch lösen	- Erkenntnis, dass der Lageplan des Gartens der Unendlichkeit einem Pythagoras-Baum gleicht. - tieferes Fortschreiten im Garten, wachsende Beunruhigung wegen verschiedener Merkwürdigkeiten	- Ist $\mathbb{Q}$ abzählbar? (Teil 2) - Einführung des Begriffs „überabzählbar" (Teil 2) - Erkunden eines Fraktals: Der Pythagoras-Baum (Teil 1)	- Aufgabe 7 bearbeiten und besprechen - **Abschnitt F** vorlesen - Aufgabe 8 bearbeiten
4	K1: Mathematisch argumentieren K4: Mathematische Darstellungen verwenden K6: Mathematisch kommunizieren	- große Verunsicherung aufgrund des geheimnisvollen Ortes - Zusammentreffen mit der Signora - Das Geheimnis des Gartens wird gelüftet: „Größentransformation" - Klären der Frage, warum die Signora Alin und Samy treffen möchte	- Erkunden eines Fraktals: Der Lageplan des Gartens der Unendlichkeit gleicht einem Pythagoras-Baum (Teil 2) - intuitiver Zugang zum Konzept der unendlichen Teilbarkeit über Lageplan des Gartens	- Aufgabe 8 bearbeiten und besprechen - **Abschnitt G** vorlesen - Aufgabe 9 besprechen und bearbeiten - **Abschnitt H** vorlesen - Aufgabe 10 bearbeiten
5	K1: Mathematisch argumentieren K2: Probleme mathematisch lösen	- Aufenthalt bei der Signora, Kennenlernen der alten Dame und ihrer Labore - Heimweg	- Unendlicher Umfang bei endlicher Fläche: Erkundung der Kochschen Schneeflocke. - Unendlich viele Summanden können eine endliche Summe hervorbringen.	- Aufgabe 10 besprechen - **Abschnitt I** vorlesen - Aufgabe 11 bearbeiten und besprechen - **Abschnitt J** vorlesen

2.4   Grundsätzliche didaktisch-methodische Entscheidungen

Die LehrerIn als VorleserIn
Ich entschied, alle Ausschnitte der Geschichte selber vorzulesen statt sie durch die SchülerInnen vorlesen zu lassen. Diese Entscheidung traf ich, da ich das „Eintauchen" der SchülerInnen in die Erzählung als Grundvoraussetzung für das Gelingen der Unterrichtsreihe betrachte. Die Lehrerin kann als VorleserIn hierbei durch die Art, wie sie die Geschichte von Alin und Samy an die Kinder heranträgt, viel zu diesem „Eintauchen" beitragen.

Die Heranführung an das Thema
Um das Thema angemessen in geheimnisvoller Atmosphäre zu eröffnen, zeigt die Lehrerin zu Beginn der 1. Unterrichtsstunde das folgende Schild und fragt die SchülerInnen, an was sie denken, wenn sie die Aufschrift „Garten der Unendlichkeit" lesen. Damit leitet die LehrerIn offen und assoziativ in das Thema der Reihe ein (Abbildung 2.6).

Abbildung 2.6 Hinweisschild zur Einführung in das Projekt

Enaktiv, ikonisch und symbolisch arbeiten
Gemäß dem pädagogischen Paradigma, im Mathematikunterricht möglichst viele
Wechsel zwischen der enaktiven, ikonischen und symbolischen Ebene einzupla-
nen, erarbeiten sich die SchülerInnen während der Unterrichtsreihe inhaltliche
Zusammenhänge durch Handlung (z. B. Perlenketten auffädeln), durch den Ein-
satz von Bildern (z. B. Abbildung des Pythagoras-Baumes) und durch die
Verwendung von mathematischer Sprache (z. B. beim Ausfüllen der Tabelle, die
zu einer Sortierung der rationalen Zahlen führen soll.)

Sozialform
Bezüglich der Sozialform gehe ich häufig nach dem folgenden Prinzip vor:
Zunächst werden die SchülerInnen durch das Arbeitsmaterial aufgefordert, ihre
Meinung zu einem Problem spontan zu äußern und zu begründen. Diese Äuße-
rung erfolgt in Einzelarbeit. Diese Entscheidung treffe ich unter anderem, weil
ich der Meinung bin, dass Stillarbeitsphasen ein fester Platz in Stundenplanungen
zusteht, damit eine gewisse Tiefe des Arbeitens erreicht werden kann.

Anschließend wird diese spontane Meinung durch den Verlauf der Erzählung
in Frage gestellt und es kommt zu einer Irritation der SchülerInnen, die sie dann
in Partner– oder Gruppenarbeit bearbeiten und schriftlich festgehalten werden.

Forschendes Denken durch schriftliches Festhalten der Gedanken unterstützen
Die SchülerInnen sind aus dem Mathematikunterricht häufig daran gewöhnt,
Ergebnisse zu liefern. Dieses im Regelunterricht teilweise schwer zu vermeidende
Muster möchte ich – sofern in dieser kurzen Zeitspanne möglich – durchbrechen,
indem ich die SchülerInnen auffordere, ihre Gedanken schriftlich festzuhalten.
Damit richte ich den Fokus auf die Argumente, die hinter den Ergebnissen lie-
gen und signalisiere eine Haltung der Offenheit, für die die Erarbeitung einer
logischen Argumentation (z. B. „Man kann sich vorstellen, dass immer mehr
Bäume wachsen, dann werden es auch unendlich viele Eichhörnchen.") wertvol-
ler ist als das Nennen eines Ergebnisses (z. B. „Es gibt gleich viele Bäume und
Eichhörnchen.").

Ich greife damit ein Konzept auf, das die schweizerische Mathematikdidakti-
kerin Sieglinde Waasmaier zurück, das sie in dem Buch *Mathematik in eigenen
Worten. Lernumgebungen in der Sekundarstufe I*[78] vorstellt. Hier wird ein „aktiv-
entdeckendes Lernen"[79] im Mathematikunterricht angestrebt, indem mathematischen Themen im Rahmen von sogenannten Lernumgebungen bearbeitet werden.

---

[78] Sieglinde Waasmeier, *Mathematik in eigenen Worten. Lernumgebungen für die Sekundarstufe I*, Klett und Balmer Verlag, Baar 2013.
[79] Waasmeier 2013, S. 25.

Diese Lernumgebungen verlangen unter anderem von den SchülerInnen, ihr
eigenes Vorgehen und ihre eigenen Entscheidungen bei der Bearbeitung einer
Aufgabe schriftlich zu reflektieren.

Die Kompetenz ,K1: Mathematisch argumentieren'
Gemäß der soeben dargestellten offenen pädagogischen Grundhaltung, die die
LehrerIn einnimmt, und vor dem Hintergrund des Konzepts des *entdeckenden
Lernens*, das diesem Projekt zugrunde liegt, spielt in allen fünf Unterrichtsstun-
den die Kompetenz *K1: Mathematisch argumentieren* eine zentrale Rolle. Das
Erkunden von Situationen, das Aufstellen von Vermutungen sowie ihre Überprü-
fung anhand von mathematischen Argumenten wird in jeder Stunde trainiert, so
dass die Fähigkeiten der SchülerInnen in diesen Bereichen gefördert werden.

Die Kompetenz ,K6: Mathematisch kommunizieren'
Die Abenteuer, die Alin und Samy erleben, bieten während der kompletten viele
Sprechanlässe, um sich über mathematische Inhalte auszutauschen. Auch die Aufgabenstellungen sind, wie bereits geschildert, sowohl in ihrem Inhalt als auch was
die Organisation durch die Sozialform angeht so angelegt, dass die SchülerInnen
ihre Kompetenz, mathematisch zu kommunizieren, trainieren können.

Einschätzungen zu den Anforderungsbereichen
Meiner Meinung nach liegt es in der Natur eines solchen Projektes, dass sich
die SchülerInnen nur in kleinen Teilen im *Anforderungsbereich I: Reproduzieren*
bewegen. Schließlich setzt eine forschende Haltung voraus, dass sich die SchülerInnen mit unbekannten Inhalten auseinandersetzen. Ich habe bei der Konzeption
der Aufgabenstellungen im Sinne eines Lernens, das auf Vernetzung abzielt, dennoch versucht, an einigen Stellen einen Rückgriff auf bekannte Unterrichtsinhalte
herzustellen. So werden die SchülerInnen beispielsweise aufgefordert, die ihnen
vertrauten Bruchrechenregeln anzuwenden oder einfache geometrische Figuren
zu benennen.

Da die Inhalte dieses Projektes jedoch zwangsläufig innerhalb eines neuen
Kontextes auftreten, scheint ein Übergang zum *Anforderungsbereich II: Zusammenhänge herstellen* fließend.

Mathematische Zusammenhänge zu verallgemeinern und zu reflektieren fällt
in den Anforderungsbereich III – und viele der behandelten Themen müssen
damit diesem Anforderungsbereich zugeordnet werden – was für ein Projekt, das
akademische Zusammenhänge in die Sekundarstufe I transportieren möchte und
keinen Regelunterricht darstellt, in meinen Augen vertretbar ist. Desweiteren wird
im Verlauf der Reihe an vielen Stellen (häufig über das „Sprachrohr" Gärtner) ein

ausgesprochenes Verständnis für Irritationen und Unverständnis formuliert und den SchülerInnen damit suggeriert, dass es völlig unproblematisch ist, bei den besprochenen Inhalten an die Grenzen dessen zu stoßen, was sie nachvollziehen können.

2.5 Die ausführlichen Stundenentwürfe

2.5.1 Die 1. Stunde der Unterrichtsreihe

Kompetenzen und Lernziele
Neben der Kompetenz *K1: Mathematisch argumentieren* wird in dieser Unterrichtsstunde die Kompetenz *K2: Probleme mathematisch lösen* gefördert. Die SchülerInnen „entwickeln einen unbekannten Lösungsweg" und „erschließen dabei Zusammenhänge und stellen Vermutungen auf."[80]

Die SchülerInnen werden zunächst mit der Frage konfrontiert, ob es die Unendlichkeit in der Realität gibt. Sie kommen wahrscheinlich zu dem gleichen Ergebnis wie Alin in der Erzählung: Dass die Unendlichkeit nicht existieren kann.

Nun trägt der Gärtner die Frage an die SchülerInnen heran, ob es gleich viele Zypressen und Eichhörnchen gibt. Die SchülerInnen müssen ihre zunächst intuitive Einschätzung mit Argumenten begründen und nähern sich damit einer Antwort auf die Frage, ob der folgende mathematische Zusammenhang gilt: $|\mathbb{N}| = |2\mathbb{N}|$.

Ich strebe in dieser Unterrichtsstunde die folgenden Lernziele an:
Die SchülerInnen

- tauchen in den Garten der Unendlichkeit ein, ihr Interesse für das Thema wird geweckt.

- zeigen zunächst Irritation und positionieren sich anschließend bezüglich der Frage, ob es gleich viele Zypressen und Eichhörnchen gibt.

Mathematische Vorkenntnisse
Diese Einführungsstunde ermöglicht einen sehr niederschwelligen mathematischen Einstieg, da keine aktuellen Themen aus dem Unterricht der Jahrgangsstufen 6 und 7 vorausgesetzt werden.

---

[80] *RLP Sek. I, S. 7.*

Mathematische Vorbesinnung
Unter Abschnitt 2.5 legte ich bereits meine Gründe für einige grundsätzliche
didaktisch-methodische Entscheidungen dar, um in den fünf Stundenentwürfen
Redundanzen zu vermeiden.
   Diesen grundsätzlichen Entscheidungen ist die erste Stunde betreffend nichts
hinzuzufügen.

Antizipation von Schwierigkeiten
Was die Antizipation von Schwierigkeiten betrifft ist in der ersten Stunde fol-
gender Punkt zentral: Ich befürchtete, die SchülerInnen könnten sich von der
Erzählung gelangweilt zeigen oder schlicht nicht die Konzentration aufbringen,
mir zuzuhören. In der Folge wäre sowohl die wichtige Identifikation mit den
beiden Protagonisten Alin und Samy als auch das Einnehmen einer forschenden
Haltung nicht gelungen und meine Aufgaben würden zu keiner Irritation führen.
Diese Tatsache würde wiederum das Interesse an den folgenden Aufgaben und
Fragestellungen erheblich beeinträchtigen.

Verwendete Materialien zur Veranschaulichung (Abbildungen 2.7 und 2.8)

Abbildungen 2.7 und 2.8   Tafelbilder (Schritt 1 und 2)

Verlaufsplanung der 1. Stunde in Tabellenform (Tabelle 2.2)

Tabelle 2.2 Verlaufsplanung der 1. Unterrichtsstunde

Zeit	Phase	LehrerInnenaktivität	SchülerInnenaktivität	Sozialform/ Medien/ Material
5 min	Begrüßung und Hochhalten des Hinweisschildes,	L: *Herzlich willkommen bei einem besonderen Projekt. In den folgenden Unterrichtsstunden werden wir einen sehr speziellen Ort kennenlernen und erforschen, und zwar diesen:* (hält das Schild hoch, auf dem „Hortus infinitatis. Garten der Unendlichkeit" steht)	S hören zu, evtl Unruhe wg. unbekannter Lehrperson.	Plenum, Hinweisschild
		L: *An was denkt ihr, wenn ihr das lest?* Ich werde euch nun ein wenig davon berichten, was es mit diesem Schild und dem Garten auf sich hat.	S: *An Gott, An das Paradies, An etwas das nie aufhört.*	
4 min	Vorlesen Abschnitt A	L liest vor	S hören zu	Plenum
10 min	Austeilen des Arbeitsmaterials, Erarbeitung Aufgabe 1	L fordert S auf, das Arbeitsmaterial auszuteilen. L: *Schaut nun bitte auf die Seite 1, Aufgabe 1. Wer kann sie vorlesen? Bearbeitet diese Aufgabe nun in 3 Minuten* Ich möchte drei SchülerInnen bitten, ihre Antwort vorzulesen.	S teilt Arbeitsmaterial aus (siehe Anlage) S liest vor S arbeiten an Aufgabe 1 3 S melden sich und lesen vor (s. ausgefülltes Arbeitsmaterial unter xy)	Plenum/ Arbeitsmaterial (S. 1-4) Einzelarbeit Plenum
2 min	Vorlesen Abschnitt B	L liest vor	S hören zu	Plenum/Arbeitsmaterial (S. 1-4)
10 min	Erarbeitung Aufgabe 2 und 3	L: *Bearbeitet nun bitte Aufgabe 2 und 3 auf der ersten Seite eures Arbeitsmaterials. Ihr habt 10 Minuten Zeit und arbeitet bitte still.* *Nach 3 Minuten: Ihr könnt euch mit eurer Partnerin besprechen.* Lehrerin befestigt Eichhörnchen und Zypressen aus Pappe an der Tafel für Plenumsgespräch.	S lesen und setzen ein Kreuzchen (wahrscheinlich ein mittleren Kästchen), arbeiten an Aufgabe 3.	Einzelarbeit/ Partnerarbeit/ Arbeitsmaterial (S.1-4) Weitere Materialien: Eichhörnchen und Zypressen aus Pappe, Tafelmagnete
10 min	Besprechung von Aufgabe 3	Eröffnet die Diskussion: *Was denkt ihr – gibt es mehr Bäume als Eichhörnchen?*	(Idealerweise) beide Positionen vertreten: *Es gibt mehr Bäume* (1) und *Es gibt gleich viele Eichhörnchen als Bäume* (2).	Plenum/ Arbeitsmaterial (S.1-4) Weitere Materialien: s.o.

(Fortsetzung)

Tabelle 2.2   (Fortsetzung)

		L moderiert, hält sich mit inhaltlichen Beiträgen zurück. Falls keine Diskussion in Gang kommt, weil sich alle einig sind, dass es mehr Bäume gibt: L nummeriert Eichhörnchen, nimmt Bäume runter und schiebt Eichhörnchen zusammen. (im besten Fall auf Impuls der S), verrät aber nicht, dass die Konsequenz die gleiche Anzahl (= unendlich) ist. Die Auflösung erfolgt über das Vorlesen des nächsten Abschnitts in der kommenden Stunde.	S irritiert, teilweise verständnislos, suchen nach Begründungen für ihre Meinung: (1) z.B. *Wenn die Baumreihe nie aufhört, dann hört auch die Reihe von Eichhörnchen nie auf.* (2) z.B. *Egal wie viele Eichhörnchen man hat, es sind immer doppelt so viele Bäume.*	
1 min	Verabschiedung	L verabschiedet S.		

2.5.2   Die 2. Stunde der Unterrichtsreihe

Kompetenzen und Lernziele

Wie bereits in der 1. Unterrichtsstunde spielt auch in der 2. Stunde die Kompetenz *K1: Mathematisch argumentieren* eine zentrale Rolle. Auch in dieser Stunde gilt es, eine intuitive Einschätzung (z. B. *Es gibt mehr ganze als natürliche Zahlen*) unter Hinzuziehung geeigneter Argumente zu prüfen.

Im zweiten Teil der Stunde wird der Beweis Cantors über die Gleichmächtigkeit der Menge der natürlichen und rationalen Zahlen vorbereitet. Diese Vorbereitung verlangt einen routinierten Umgang mit den Verfahren der Bruchrechnung, weswegen die Kompetenz *K5: Mit symbolischen, formalen, technischen Elementen der Mathematik umgehen* hier ebenfalls eine wichtige Rolle spielt.

Ich strebe in dieser Unterrichtsstunde die folgenden Lernziele an:
Die SchülerInnen

- sind in der Lage, ihre Erkenntnis zu der konkreten Betrachtung von unendlichen Objekten (Zypressen und Eichhörnchen) auf abstrakten Aussagen über Mengen (zunächst über die Menge der geraden Zahlen) zu übertragen.
- entwickeln ein Verständnisses für den Begriff *abzählbar unendlich* (mit Hilfe des Anschauungsmaterials „Perlenketten") und dafür, dass die Tatsache, ob sich die Elemente einer Menge auf eine Perlenkette auffädeln lassen, die

Frage nach der Abzählbarkeit einer Zahlenmenge beantwortet (betrifft hier die Auseinandersetzung mit $\mathbb{Z}$ sowie $\mathbb{Q}^+$)

• beantworten die Frage, wie die Elemente der ganzen Zahlen auf eine Perlenkette gefädelt werden können.

• werden mit dem mathematischen Sachverhalt konfrontiert, dass es noch größere Zahlenmengen als abzählbar unendliche gibt.

Mathematische Vorkenntnisse

In dieser Unterrichtsstunde werden die Begriffe der Mengen der natürlichen, geraden, ganzen und positiven rationalen Zahlen aufgegriffen und erläutert. Die SchülerInnen haben diese Begriffe im Rahmen der jeweiligen Zahlbereichserweiterungen bereits kennengelernt, ein routinierter Umgang damit erarbeiten sie sich aber erst in den Niveaustufen F, G und H.[81] Aus diesem Grund werden die Zusammenhänge ausführlich wiederholt.

Im zweiten Teil der Stunde spielen einige Verfahren zum Rechnen mit Brüchen eine große Rolle, insbesondere das Kürzen und das Umwandeln von gemischten in unechte Brüche. Diese Verfahren sind den SchülerInnen aus der Niveaustufe D bekannt.

Mathematische Vorbesinnung

Das verlangte eigenständige Arbeiten mit den Zahlenbereichen der natürlichen, ganzen und rationalen Zahlen sowie der Menge der geraden Zahlen wird durch geeignetes Anschauungsmaterial entlastet, indem eine Analogie zwischen den Zahlenmengen und Perlenketten hergestellt wird: Die Lehrerin stellt vier Einmachgläser auf ihr Pult, auf den Gläsern stehen die Symbole $\mathbb{N}$, $\mathbb{Z}$ und $\mathbb{Q}^+$ sowie die Aufschrift *gerade Zahlen* geschrieben. In den Gläsern mit der Aufschrift $\mathbb{N}$ und *gerade Zahlen* befindet sich eine Perlenkette (aus Pappkreisen), auf den Pappkreisen stehen die ersten Elemente dieser Mengen. In dem Glas mit der Aufschrift $\mathbb{Z}$ hingegen befindet sich eine Schnur sowie ebenfalls beschriftete Pappkreise. Diese Pappkreise sind noch nicht aufgefädelt, da hier die Reihenfolge der im Einmachglas enthaltenen Elemente noch erarbeitet werden muss. Gleiches gilt für das Einmachglas $\mathbb{Q}^+$. Dieses Anschauungsmaterial wird die Lerngruppe durch diese Stunde leiten und im Arbeitsmaterial entsprechend aufgegriffen.

---

[81] *RLP Sek. I*, S. 22.

Antizipation von Schwierigkeiten
Mögliche Schwierigkeiten können in dieser Stunde darin bestehen, dass den SchülerInnen, die im Allgemeinen noch wenig Erfahrung mit abstrakten Begriffen der Mathematik haben, der Sprung von der konkreten Ebene (Zypressen und Eichhörnchen) auf die abstrakte Ebene (Mengen der natürlichen und geraden Zahlen) schwerfällt (s. Arbeitsmaterial Aufgabe 4). Auch die Einführung der Begriffe *abzählbar* und *überabzählbar unendlich* könnte aufgrund ihres hohen Abstraktionsgrades Unverständnis oder Langeweile auslösen.

Ich hoffe, diesen Schwierigkeiten durch die systematische Veranschaulichung durch Perlenketten vorbeugen zu können und Langeweile durch die Einbettung der entsprechenden Themen in den Lauf der Erzählung verhindern zu können.

Verwendete Materialien zur Veranschaulichung (Abbildungen 2.9, 2.10, 2.11, 2.12, 2.13, 2.14, 2.15 und 2.17)

Abbildungen 2.9, 2.10 und 2.11 Veranschaulichung der Zahlenmengen ℕ, „gerade Zahlen" und ℤ

Verlaufsplanung der 2. Stunde in Tabellenform (Tabelle 2.3)

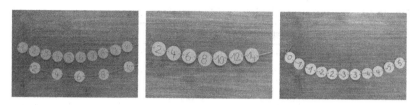

Abbildungen 2.12, 2.13 und 2.14 Einsatz der Perlenketten an der Tafel

Abbildungen 2.15 und 2.16 Das Arbeitsmaterial zur Aufgabe 7

2.5.3 Die 3. Stunde der Unterrichtsreihe

Kompetenzen und Lernziele

In dieser Stunde steht neben den zuvor angeführten Kompetenzen K1 und K6 die Kompetenz *K2: Probleme mathematisch lösen* im Vordergrund. Die SchülerInnen werden aufgefordert, die Idee von Cantors Beweis der Abzählbarkeit der positiven, rationalen Zahlen durch geeignete Hilfestellung (Wasserlauf als Graupappe-Modell) zu entdecken. Sie müssen hierfür verschiedene Zusammenhänge verknüpfen und einen bisher unbekannten Lösungsweg entwickeln.

Ich strebe in dieser Unterrichtsstunde folgende Lernziele an:
Die SchülerInnen

- beantworten die Frage, wie alle Elemente der positiven rationalen Zahlen auf eine Perlenkette gefädelt werden können.
- nähern sich spielerisch dem Konzept der unendlichen Teilbarkeit der reellen Zahlen über das Erkunden des Blattes eines Pythagoras-Baums. Hierfür müssen sie dessen Bedeutung als Lageplan des Gartens begreifen.

Tabelle 2.3   Verlaufsplanung der 2. Unterrichtsstunde

Zeit	Phase	LehrerInnenaktivität	SchülerInnenaktivität	Sozialform/ Medien/ Material
5 min	Begrüßung Einleitung	L begrüßt S. L fordert die S auf, kurz zusammenzufassen, bei welcher Frage die Klasse letzte Stunde stehen geblieben war. Auf dem LehrerInnenpult stehen die Einmachgläser „ℕ" und „gerade Zahlen"	S rufen sich die Inhalte der vergangenen Stunde in Erinnerung, evtl. in der 1. Stunde nicht anwesende S können Anschluss finden	Arbeitsmaterial (S. 1-4)
1 min	Vorlesen Abschnitt C	L liest	S hören zu	Plenum
3 min	Bearbeitung Aufgabe 4	L: *Dann wollen wir im Anschluss die Frage aus der Aufgabe 4 hier gemeinsam besprechen. Wer kann die Aufgabe einmal vorlesen?* L hängt die Perlenketten „ℕ" und „gerade Zahlen" mit Magneten untereinander an die Tafel.	S liest vor. S: (idealerweise) *Es gibt gleich viele natürliche und gerade Zahlen.*	Plenum/ Arbeitsmaterial (S. 1-4) Weitere Materialien: Einmachglas „ℕ" und „gerade Zahlen", Tafelmagnete
2 min	Vorlesen Abschnitt D	L liest	S hören zu	Plenum
10 min	Bearbeitung Aufgabe 5 und 6	L: *Seht euch die Zahlen auf den dunklen Kieselsteinen genau an und setzt eure Kreuzchen in Aufgabe 5.* L stellt Einmachglas „ℤ" vor sich auf das Pult. Darin befinden sich die Papp-Kreise und eine Schnur. L veranschaulicht, damit, dass die S eine Reihenfolge finden sollen, wie alle ganzen Zahlen aufgefädelt werden. *Bearbeitet nun Aufgabe 6 und sucht eine solche Reihenfolge – wenn ihr möchtet in Partnerarbeit.* L läuft umher und hilft bei Fragen, achtet darauf, dass die Antwort schriftlich begründet wird.	S arbeiten an den Aufgaben 5 und 6 (s. ausgefülltes Arbeitsmaterial unter xy) S entdecken (idealerweise) eine Reihenfolge, die ein Auffädeln aller ganzen Zahlen ermöglicht. Schnelle S können schon die Perlenkette auffädeln, damit auch diese an die Tafel gehängt werden kann.	Einzel- und Partnerarbeit/ Arbeitsmaterial (S. 1-4) Weitere Materialien: Einmachglas „ℤ", Tafelmagnete
4 min	Besprechung der Aufgaben 5 und 6	L moderiert, hält sich mit inhaltlichen Aussagen zurück.	S erklären ihre Lösung	Plenum/Arbeitsmaterial (S. 1-4)
3 min	Vorlesen Abschnitt E	L liest	S hören zu	Plenum

(Fortsetzung)

Tabelle 2.3 (Fortsetzung)

16 min	Bearbeitung Aufgabe 7 (Teil 1)	L: *Wie könnte man alle positiven Brüche auf eine einzige, unendlich lange Perlenkette fädeln, so dass keine Zahl vergessen wird? Wir lesen nun gemeinsam Aufgabe 7, wer möchte sie vorlesen?*	S liest vor.	Gruppenarbeit/ Arbeitsmaterial (S. 1-4) Weitere Materialien: Pro Gruppe ein Tütchen mit Material/ Karten für die Einteilung in Arbeitsgruppen (keine Neigungsgruppen!)
		L teilt S in 3er- bis 4er-Gruppen ein (über Kärtchen) und übergibt jeder Gruppe ein Tütchen mit Arbeitsmaterial.	S betrachten das Arbeitsmaterial und beginnen zu arbeiten. (Aufgabe 7a ist zeitintensiv, beansprucht den Rest der Stunde)	
1 min	Verabschiedung	L verabschiedet S.		

Mathematische Vorkenntnisse

Gemäß den Eigenschaften eines Initiationsproblems nach Winter kann die Frage nach einer Reihenfolge, wie die Elemente der positiven rationalen Zahlen auf eine Perlenkette gefädelt werden können, ohne auf Vorwissen und technische Fertigkeiten zurückgreifen zu müssen erfasst werden.

Die Auseinandersetzung mit der Konstruktion des Pythagoras-Baumes greift auf die Bezeichnung einfacher geometrischer Figuren (Quadrat; rechtwinkliges, gleichschenkliges Dreieck) zurück.

Mathematische Vorbesinnung

Da der Inhalt der vergangenen Stunde komplex war, beginnt die 3. Unterrichtsstunde mit einer Wiederholung. Die Lehrerin leitet hierbei das Gespräch und bittet die SchülerInnen um eine Zusammenfassung, in welcher Situation Alin und Samy sich befinden. In dieser ersten Phase der Stunde muss noch einmal der folgende Zusammenhang verdeutlicht werden: „Wir haben bereits gezeigt, dass sich theoretisch alle ganzen Zahlen auf eine unendlich lange Perlenkette fädeln lassen (Lehrerin verweist auf entsprechende Perlenkette an der Tafel). Jetzt möchten wir zeigen, dass das auch mit den positiven Brüchen möglich ist. Gereon hat uns gezeigt, wie man alle positiven Brüche systematisch in eine Tabelle schreiben kann und wir müssen nur einen Weg finden, wie wir theoretisch alle Zahlen dieser Tabelle, die nach rechts und unten unendlich fortgesetzt werden kann, auffädeln können."

Um in den Gruppenarbeiten eine hohe Beteiligung an der Suche nach einer Reihenfolge zu erzielen, wird die im ersten Arbeitsschritt ausgefüllte Tabelle im Plenum besprochen und verglichen bevor die SchülerInnen die Zahlen auf die

Pappkreise übertragen. So stellt die Lehrerin sicher, dass alle SchülerInnen die gleichen Zahlen auf die 17 vorliegenden Kreise schreiben und sie sich nun auf die Frage nach der Reihenfolge fokussieren können.

Die im Arbeitsmaterial anschließende Aufgabe zur Erkundung des Blattes eines Pythagoras-Baums hat einen spielerischen Charakter. Diese spielerische Annäherung an das Wesen der reellen Zahlen halte ich für die Jahrgangsstufe 6 bzw. 7 (Niveaustufe D) angemessen, da die SchülerInnen bisher in der Regel im Mathematikunterricht noch keinen Kontakt zu irrationalen Zahlen hatten und eine systematische Auseinandersetzung mit reellen Zahlen auch erst in der Niveaustufe G stattfindet.

Ich verfolge hier das Ziel, dass die SchülerInnen wie unter 2.2.1.2 dargelegt, eine grundlegende Anschauung der unendlichen Teilbarkeit entwickeln, die das Fundament für das Verständnis der reellen Zahlen bilden könnte.

Um mit einem heterogenen Leistungsniveau in der Klasse konstruktiv umgehen zu können, befindet sich am Ende des Arbeitsmaterials eine „Sternchen"-Aufgabe, die leistungsstarke SchülerInnen bearbeiten können, falls sie früher mit der Bearbeitung der Aufgaben fertig sind als ihre MitschülerInnen.

Antizipierte Schwierigkeiten

Gemäß des soeben geschilderten Zustandes, dass die SchülerInnen wahrscheinlich noch keinerlei Kontakt mit reellen Zahlen hatten, besteht die Gefahr, dass ich mit folgender Fehlvorstellung konfrontiert werde: Die SchülerInnen betrachten gemäß ihres Wissensstandes eine unendliche Zahlenmenge als die größte mögliche Zahlenmenge. Die Frage, ob sich eine Menge von Zahlen nun auffädeln lässt oder nicht, ist aber nur dann eine sinnvolle Frage, wenn von der Existenz von Zahlenmengen, die sich *nicht* auffädeln lassen, ausgegangen werden kann. Anders ausgedrückt: Die Frage, ob eine Zahlenmenge abzählbar unendlich ist, braucht den Begriff der Überabzählbarkeit zur Abgrenzung von der Eigenschaft der Abzählbarkeit.

Aus diesem Grund thematisiert der Gärtner Gereon in den Abschnitten E und F die Eigenschaften der reellen Zahlen auf möglichst intuitive Weise, ohne diese Zahlen als irrationale Zahlen zu bezeichnen. Idealerweise wird hier der Grundstein gelegt für eine Vorstellung der SchülerInnen von den irrationalen Zahlen, der eng mit dem Konzept der unendlichen Teilbarkeit verknüpft ist.

Die Tatsache, dass die Entwicklung einer Anschauung von überabzählbaren Zahlenmengen auch unter Mathematikern ein zeitintensives und umstrittenes Unterfangen war, (Gereon sagt: „Seid nicht überrascht, dass es euch verwirrt. Mathematiker und Mathematikerinnen haben jahrhundertelang daran gerätselt und sich jahrhundertelang geirrt.") soll darauf hinweisen, dass Irritation und Verunsicherung in diesem Stadium der Erweiterung einer vertrauten Vorstellung angemessen sind.

Was die Arbeit mit dem Pythagoras-Blatt betrifft, halte ich es für möglich, dass die nötige intensive Textarbeit unter anderem mit dem Hilfszettel einige SchülerInnen abschrecken könnte.

Verwendete Materialien zur Veranschaulichung (Abbildungen 2.17, 2.18 und 2.19)

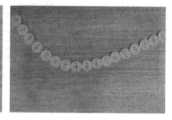

Abbildungen 2.17, 2.18 und 2.19 Wie lassen sich die positiven rationalen Zahlen auffädeln?

Verlaufsplanung der 3. Stunde in Tabellenform (Tabelle 2.4)

Tabelle 2.4 Verlaufsplanung der 3. Unterrichtsstunde

Zeit	Phase	LehrerInnenaktivität	SchülerInnenaktivität	Sozialform/ Medien/ Material
7 min	Begrüßung Einführung	L begrüßt S. Wiederaufnehmen und Rekonstruieren der mathematischen Argumentation: L: *Der Gärtner fordert Alin und Samy auf, eine Aufgabe zu lösen. Welche Aufgabe war das?* L zeichnet Zahlenstrahl an die Tafel, bittet S, Brüche im Intervall [0,1] zu nennen, trägt diese ein. L: Wie könnte man diese vielen Brüche auffädeln, ohne einen einzigen zu vergessen? L zeichnet Tabelle an die Tafel.	S: *Die beiden sollen zeigen, dass sich alle positiven Brüche auffädeln lassen.* S nennen Brüche und erkennen, dass unendlich viele Brüche in das Intervall [0,1] passen.	Plenum/ Arbeitsmaterial (S.1-4) Weitere Materialien: Perlenketten „N" „gerade Zahlen" und „Z" Einmachglas „positive Brüche" mit unbeschriebenen und nicht aufgefädelten Papp-Kreisen befindet sich auf dem LehrerInnenpult
5 min	Abgleichen der Ergebnisse aus Aufgabe 7a	L fordert S auf, die Tabelle an der Tafel auszufüllen, die Brüche zu kürzen und doppelte Zahlen zu streichen. Klärung von Fragen, Appell, sich nun den anderen Aufgabenteilen der Aufgabe 7 zuzuwenden. Verteilen der Tütchen mit den Materialien.	S füllt Tabelle aus, andere S gleichen ihre Ergebnisse ab.	Plenum/Arbeitsmaterial (S. 1-4) Weitere Materialien: Pro Gruppe eine Papiertüte gefüllt mit einer Schnur, 17 Pappkreisen zum Auffädeln und einem Graupappe-Modell des Wasserlaufs
10 min	Bearbeitung der Aufgabe 7 (Teil 2)	L steht bei Fragen und Unsicherheiten zur Verfügung	S arbeiten an den Aufgabenteilen b, c und d der Aufgabe 7. Schnelle SchülerInnen übernehmen das Beschriften und Auffädeln der großen Perlenkette aus dem Einmachglas für die Tafel	Gruppenarbeit /Arbeitsmaterial (S. 1-4) Weitere Materialien: s.o.
5 min	Besprechung der Aufgabe 7	L hält sich zurück, moderiert. L achtet darauf, dass von S Argument genannt wird, warum die gefundene Ordnung geeigneter ist als andere.	Eine Gruppe zeichnet den Faden der Perlenkette mit roter Kreide in die Tabelle ein und leitet somit die Reihenfolge der Brüche für diesen Ausschnitt her. Zugehörige Perlenkette wird zu den anderen Perlenketten mit Magneten an die Tafel gehängt. S nennen Argument für gefundene Ordnung. Z. B.: Der Faden kommt an jedem Bruch in der Tabelle vorbei und verschwindet nicht einfach ins Unendliche (was pas-	Plenum/ Arbeitsmaterial (S. 1-4) Weitere Materialien: s.o.

(Fortsetzung)

Tabelle 2.4 (Fortsetzung)

			sieren würde, wenn er horizontal oder vertikal verlaufen würde.)	
3 min	Vorlesen Abschnitt F	L liest vor	S hören zu	Plenum
13 min	Bearbeitung Aufgabe 8 (Teil 1)	L teilt weiteres Arbeitsmaterial (S. 5-7), Pythagoras-Blätter und Hinweiszettel aus. L: *Bearbeitet nun bitte in den verbleibenden 15 Minuten die Aufgabe 8. Wer kann die Aufgabe bitte einmal vorlesen?*	S liest Aufgabe vor, beginnen in den gleichen Gruppen wie zuvor zu arbeiten.	Gruppenarbeit/ Arbeitsmaterial (S.5-7) Weitere Materialien: Pro Gruppe ein „Pythagoras-Blatt" und ein Hinweiszettel
1 min	Verabschiedung	L verabschiedet S.		Plenum

2.5.4 Die 4. Stunde der Unterrichtsreihe

Kompetenzen und Lernziele
Neben den Kompetenzen K1 und K6 fördert diese Unterrichtsstunde auch die Kompetenz *K4: Mathematische Darstellungen verwenden*. Der Lageplan des Gartens liegt den SchülerInnen in Form eines Blattes des Pythagoras-Baumes vor. Diese abstrakte Darstellung des Ortes, an dem sich die Kinder befinden, gilt es nun zu interpretieren und zu lesen. Ein Lageplan ist zwar keine genuin mathematische Darstellungsform, dennoch spielen unterschiedliche Pläne eine Rolle im Mathematikunterricht, beispielsweise bei der Arbeit mit Konstruktionszeichnungen oder bei verschiedenen Aufgaben zur Flächenberechnung.
Ich strebe in dieser Unterrichtsstunde folgende Lernziele an:
Die SchülerInnen

- kennen den Zusammenhang zwischen dem Blatt des Pythagoras-Baumes und dem Garten der Unendlichkeit.
- verstehen das sich wiederholende Prinzip, nach dem das Blatt des Pythagoras-Baumes konstruiert wird.
- entwickeln Lösungsvorschläge dafür, welches Geheimnis der Garten der Unendlichkeit birgt.

Mathematische Vorkenntnisse
Zunächst findet zu Beginn der Unterrichtsstunde eine Vernetzung mit Themen der Geometrie statt, die SchülerInnen sollen die geometrische Figuren *Quadrat* sowie *Dreieck* innerhalb des Fraktals identifizieren und das Dreieck idealerweise in seinen Eigenschaften *rechtwinklig* und *gleichschenklig* genauer benennen.

Im weiteren Verlauf ist die Stunde die mathematischen Vorkenntnisse der SchülerInnen betreffend voraussetzungsarm, die Aufgaben haben den Charakter von Knobelaufgaben, zu deren Lösung in erster Linie Textverständnis und der Wille zur Lösung einer Aufgabe gebraucht werden.

Mathematische Vorbesinnung
Indem die Lehrerin einige SchülerInnen gezielt auffordert, ihre Ergebnisse an der Tafel vorzutragen, wird eine Diskussion unter den SchülerInnen gefördert und die Lehrerin tritt nicht in der Rolle einer Osterhasen-Pädagogin auf, die die Inhalte sowie Lösungen kennt und ihre SchülerInnen danach suchen lässt wie Kinder an Ostern die Ostereier suchen.[82]

Schnelle SchülerInnen werden gebeten, eine Overhead-Folie für die Besprechung im Plenum vorzubereiten. Damit kann die Lehrerin auf unterschiedliche Bearbeitungsgeschwindigkeiten der Gruppen reagieren und für eine subtile Binnendifferenzierung sorgen.

Antizipierte Schwierigkeiten
Je nach Erfahrung der Lerngruppe in der Arbeit mit Plänen können die Schwierigkeiten bei der Bearbeitung der Aufgabe 8 sehr unterschiedlich sein und es fällt mir schwer, Probleme zu antizipieren.

Die Frage, welche geometrische Figur das Pythagoras-Blatt generiert, könnte die SchülerInnen vor Schwierigkeiten stellen. Um diese Schwierigkeiten abzufangen werden die SchülerInnen in Aufgabenteil 8c aufgefordert, das große Quadrat mit der Hand zu verdecken. Damit ist eindeutiger zu erkennen, dass der Generator des Pythagoras-Blattes aus einem rechtwinkligen, gleichschenkligen Dreieck und zwei an den Katheten k anliegenden Quadraten mit Seitenlänge k besteht.

Auch bezüglich der Lösungsvorschläge, wie es dazu kommen kann, dass die beiden mit Schritten abgemessenen Quadrate die gleiche Länge haben, auch wenn es auf dem Pythagoras-Blatt völlig anders aussieht, fällt es mir schwer, SchülerInnenmeinungen zu antizipieren. Hier fehlt mir als Autorin der Erzählung der Abstand zu einer Einschätzung.

---

[82] Vgl. Heinz Klippert, *Besser lernen. Kompetenzvermittlung und Schüleraktivierung im Schulalltag*, Klett, Stuttgart [5]2008, S. 207.

Ich erhoffe mir eine Irritation der SchülerInnen bezüglich der Aussage der Signora, dass unendliches Fortschreiten im Garten der Unendlichkeit möglich ist, obwohl der Garten nicht unendlich ausgedehnt ist. Aus der Klärung dieser Irritation könnte zum einen ein Grundverständnis der unendlichen Teilbarkeit entstehen, zum anderen wird den SchülerInnen hier eine Anschauung des dynamischen Grenzwertbegriffes angeboten, die möglicherweise die Ausbildung der zuvor geschilderte Fehlvorstellung, ein Grenzwert könne erreicht werden, verhindern kann.

Verwendete Materialien zur Veranschaulichung (Abbildung 2.20)

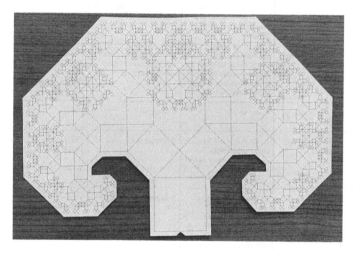

Abbildung 2.20 Das Blatt des Pythagoras-Baumes, gedruckt auf starkem Papier

Verlaufsplanung der 4. Stunde in Tabellenform (Tabelle 2.5)

Tabelle 2.5 Verlaufsplanung der 4. Unterrichtsstunde

Zeit	Phase	LehrerInnenaktivität	SchülerInnenaktivität	Sozialform/ Medien/ Material
1 min	Begrüßung	L begrüßt S.		Plenum
10 min	Bearbeitung Aufgabe 8 (Teil 2)	L bittet S, knapp zu schildern wo wir stehengeblieben waren. L fordert S auf, ihre Arbeit in den Gruppen wieder aufzunehmen.	S schildern Stand der letzten Stunde S arbeiten in Gruppen	Gruppenarbeit/ Arbeitsmaterial (S. 5-7) Weitere Materialien: Pro Gruppe ein „Pythagoras-Blatt" und ein Hinweiszettel
		L steht bei Fragen zur Verfügung, hält sich zurück.		
		L fordert schnelle S auf, ihre Ergebnisse auf eine Overhead-Folie zu übertragen.	Schnelle S übertragen ihre Ergebnisse auf Folie	
10 min	Besprechung Aufgabe 8	L fördert Diskussion unter den S, indem sie hinten im Klassenzimmer steht und der vortragenden Gruppe die Leitung überträgt.	Die Gruppe (s.o.) stellt ihre Ergebnisse vor, beantwortet Fragen.	Plenum/ Overhead-Projektor/ Arbeitsmaterial (S. 5-7) Weitere Materialien: s.o.
5 min	Vorlesen Abschnitt G	L liest vor.	S hören zu.	Plenum
5 min	Bearbeitung Aufgabe 9	L: *Bearbeitet nun bitte in euren Gruppen die Aufgabe 9. Bei Fragen meldet euch bitte.*	S arbeiten in Gruppen	Gruppenarbeit/Arbeitsmaterial (S. 5-7) Weitere Materialien: s.o.
7 min	Besprechung Aufgabe 9	L: *Zu welchem Ergebnis seid ihr gekommen? Könnt ihr die beiden Quadrate hier in der Folie markieren? Was ist euch aufgefallen?*	S tragen ihre Antworten vor.	Plenum/ Overhead-Projektor/ Arbeitsmaterial (S. 5-7) Weitere Materialien: s.o.
2 min	Vorlesen Abschnitt G	L liest vor.	S hören zu	Plenum
5 min	Bearbeitung Aufgabe 10	L: *Bearbeitet nun bitte mit eurem Sitznachbarn die Aufgabe 10.*	S arbeiten.	Partnerarbeit/ Arbeitsmaterial (S. 5-7)
1 min	Verabschiedung	L verabschiedet S.		Plenum

2.5.5 Die 5. Stunde der Unterrichtsreihe

Kompetenzen und Lernziele

In der letzten Unterrichtsstunde der Reihe steht neben den Kompetenzen K1 und K6 erneut die Kompetenz *K2: Probleme mathematisch lösen* im Vordergrund. Die

SchülerInnen werden aufgefordert, „einen unbekannten Lösungsweg (zu) entwickeln"[83] Sie müssen in dem Zusammenhang die vorliegende Situation, in der sich Alin und Samy befinden, systematisch analysieren und nach Möglichkeiten suchen, welcher mathematische Zusammenhang dafür verantwortlich sein kann, dass zwei Quadrate auf dem Plan unterschiedlich große Seitenlängen aufweisen, diese Seitenlängen in der Messung im Garten jedoch gleichlang sind.

Im zweiten Teil der Unterrichtsstunde werden die SchülerInnen zunächst aufgefordert, ein Fraktal – die Koch-Schneeflocke – nach dem ersten oder zweiten Iterationsschritt selber zu zeichnen. Anschließend wird erneut die Problemlösekompetenz gefördert und die SchülerInnen sollen Argumente zu der Frage liefern, ob es einem sehr, sehr kleinen Krabbeltierchen möglich wäre, die Grenzfigur des iterativen Bildungsprozesses der Koch-Schneeflocke zu umrunden.

Um diese Frage beantworten zu können, müssen die SchülerInnen das „wahre Fraktal"[84] in ihren Köpfen entstehen lassen, was eine sehr herausfordernde Aufgabe an die Vorstellungskraft darstellt, in gleichem Maße aber auch die Ausbildung einer mathematisch sehr wertvolle Vorstellung der unendlichen Teilbarkeit sowie des Grenzwertbegriffs fördert.

Auch die Frage nach der Größe der Fläche der Koch-Schneeflocke fördert das mathematische Problemlösen, weil sie auf ein in der Mathematik übliches Verfahren abzielt: Die Abschätzung. Hierfür müssen die SchülerInnen erkennen, dass es nicht darum geht, die Fläche exakt zu bestimmen, sondern eine Abschätzung durch eine einfache geometrische Figur ausreicht, um eine Aussage darüber treffen zu können, ob die Fläche der Schneeflocke unendlich groß wird.

Ich strebe in dieser Unterrichtsstunde folgende Lernziele an:
Die SchülerInnen

- verstehen, was die Folge der „Größentransformation" im Garten der Unendlichkeit bedeutet: Man kann unendlich lange laufen, obwohl der Garten sich *nicht* unendlich ausdehnt.
- lernen, dass das unendlich Kleine in der Mathematik existiert und kommen am Beispiel der Koch-Schneeflocke zu dem Schluss, dass Unendlichkeit nicht unendlich ausgedehnt sein muss.

---

[83] *RLP*, S. 7.
[84] Dörte Haftendorn, S. 90.

Mathematische Vorkenntnisse
Auch in dieser Unterrichtsstunde spielen mathematische Vorkenntnisse eine unter-
geordnete Rolle und wir haben es in erster Linie mit Initiationsproblemen zu
tun.

Die Aufgabe zur Erstellung der Koch-Schneeflocke verlangt (idealerweise)
einen routinierten Umgang mit dem Zirkel, um die gleichseitigen Dreiecke
anzufügen.

Neben der zündenden Idee, dass eine Abschätzung reicht, um eine Aussage zu treffen, ob die Fläche der Schneeflocke unendlich wächst, benötigen die
SchülerInnen hier Grundkenntnisse in der Flächenberechnung.

Mathematische Vorbesinnung
Die SchülerInnen werden hier implizit aufgefordert, durch das unendliche Fortschreiten im Garten der Unendlichkeit eine dynamische Vorstellung der Annäherung an einen Grenzwert auszubilden. Damit positioniere ich mich auf Seiten
des Mathematikdidaktikers Andreas Marx, der – wie in Abschnitt 2.2.1.3 dargelegt – die Ausbildung einer dynamischen Vorstellung durch bildhafte Elemente als
förderlich einschätzt und davor warnt, eine mentale Repräsentation eines mathematischen Begriffs mit seiner Definition innerhalb der mathematischen Theorie
gleichzusetzen. Eine Folge dieses Fehlers wäre es, diese bildhaften Elemente aus
dem Mathematikunterricht verschwinden zu lassen, was eine aus didaktischer
Sicht fragwürdige Maßnahme wäre.

In dieser letzten Stunde der Unterrichtsreihe soll den SchülerInnen möglichst
viel Zeit eingeräumt werden, um ihre Meinung zu dem Projekt mitteilen zu
können.

Für das „mathematische Feedback" ist eine 15-minütige Abschlussbesprechung eingeplant. Hier geht es um eine abschließende Besprechung der inhaltli-
chen Zusammenhänge. Anschließend bekommt die Lerngruppe die Gelegenheit,
ihr persönliches Feedback schriftlich zu verfassen und abzugeben.

In der Abschlussbesprechung leitet die Lehrerin das Gespräch, sie spannt den
Bogen inhaltlich von Alins ersten Aussage, dass etwas unendliches immer auch
unendlich ausgedehnt sein muss bis zu der Erkenntnis der letzten Stunde, dass
sich die Unendlichkeit auch in einer begrenzten Fläche finden lässt.

Antizipierte Schwierigkeiten
Bei der Konstruktion der Koch-Schneeflocke bis zum zweiten Iterationsschritt
sind die SchülerInnen möglicherweise nicht in der Lage, den Zirkel richtig
einzusetzen. Außerdem dauert ist es erfahrungsgemäß sehr zeitaufwendig, die

SchülerInnen selber zeichnen zu lassen. Damit genug Zeit für die Abschlussdiskussion und das Feedback bleibt, sollte ich den SchülerInnen ein Zeitlimit zur Bearbeitung der Aufgabe 11a) setzen.

Die Zusammenhänge, die der Garten der Unendlichkeit an die SchülerInnen heranträgt, sind komplex, und die Lehrerin kann nicht davon ausgehen, dass sie komplett verstanden werden.

Wie bereits zuvor mehrfach dargestellt, ist es das Ziel des Projektes, ein offenes Nachdenken über das Konzept der Unendlichkeit in Gang zu bringen und den Grundstein für eine Vorstellung dessen zu legen.

Natürlich ist es möglich, dass die SchülerInnen, die aufgrund ihres Alters noch wenig Erfahrung mit der Erforschung abstrakter Phänomene gesammelt haben, mir nicht folgen können oder wollen.

Ob die Erzählung, in die diese Reihe gebettet wurde, genug Kraft entfalten kann, um die SchülerInnen für das Thema zu begeistern, kläre ich in der anschließenden Analyse der durchgeführten Unterrichtsreihen.

Verwendete Materialien zur Veranschaulichung (Abbildung 2.21 und 2.22)

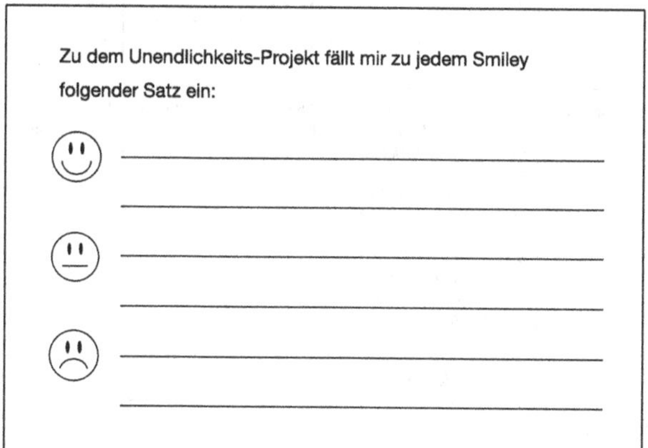
Zu dem Unendlichkeits-Projekt fällt mir zu jedem Smiley folgender Satz ein:

Abbildung 2.21 Der Feedback-Zettel

Verlaufsplanung der 5. Stunde in Tabellenform (Tabelle 2.6)

Abbildung 2.22 Die
Koch-Schneeflocke nach
dem 4. Iterationsschritt (via
Overhead)

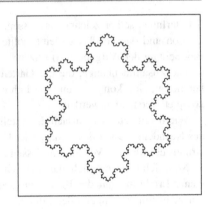

Tabelle 2.6 Verlaufsplanung der 5. Unterrichtsstunde

Zeit	Phase	LehrerInnenaktivität	SchülerInnenaktivität	Sozialform/ Medien/ Material
5 min	Begrüßung Besprechung Aufgabe 10	L begrüßt S. L: *Was denkt ihr könnte das Geheimnis des Gartens der Unendlichkeit sein?*	S sitzen in ursprünglicher Sitzordnung. Sie beteiligen sich an der Diskussion, tragen ihre Ideen bei.	Plenum/ Arbeitsmaterial (S.5-7)
3 min	Vorlesen Abschnitt I	L liest vor.	S hören zu.	Plenum
15 min	Bearbeitung Aufgabe 11	L: *Zum Abschluss dieses Projektes möchten auch wir nun einen Blick auf diese schöne Kontur in dem Stück Glas werfen und sie genauer betrachten.* *Bearbeitet bitte die Aufgabenteile a) und b) der Aufgabe 11 in Einzelarbeit. Aufgabenteil c) und d) könnt ihr – wenn ihr möchtet – mit eurer NachbarIn bearbeiten.*	S bearbeiten die Aufgabe 11.	Einzelarbeit/ Partnerarbeit /Arbeitsmaterial (S.5-7)
2 min	Vorlesen Abschnitt J	L liest vor.	S hören zu.	Plenum
15 min	Abschlussbesprechung	L fordert S auf, ihre Meinung/Fragen/Irritationen zu äußern.	S teilen sich mit, äußern Irritation und Unverständnis	Plenum / Koch-Schneeflocke nach dem 5. Iterationsschritt
5 min	Feedback	L teilt Feedback-Zettel aus.	S füllen Zettel aus.	Einzelarbeit /Feedback-Zettel
1 min	Verabschiedung – jede S bekommt ein Unendlichkeits-Gebäck	L dankt den S für ihre Mitarbeit, verteilt Gebäck und verabschiedet sich.	S essen.	Plenum /Gebäck

Die Durchführung der Unterrichtsreihe 3

3.1 Grundsätzliches zur Durchführung

Die Erprobung dieser Unterrichtsreihe führe ich an zwei Gymnasien durch: Zunächst in einer 7. Klasse des Ernst-Abbe-Gymnasiums in Berlin-Neukölln, anschließend in einer 6. Klasse des Hildegard-von-Bingen-Gymnasiums in Köln-Sülz.

Ich möchte zunächst kurz ein paar Anmerkungen zu dem verwendeten Unterrichtsmaterial machen: Die SchülerInnen erhalten zunächst in der ersten Stunde das zusammengeheftete Arbeitsmaterial mit den Seite 1 bis 4, in der Mitte der dritten Stunde wird dieses um die ebenfalls zusammengehefteten Seiten 5 bis 7 erweitert. Ich verwende in dieser Unterrichtsreihe aufwendig hergestelltes Material zur Veranschaulichung der Zusammenhänge, weil ich der Überzeugung bin, dass ein Thema durch interessantes, ansprechendes Arbeitsmaterial deutlich an Reiz gewinnt.

Zweifelsohne konnte ich diesen Aufwand in erster Linie deshalb betreiben, weil es sich um meine Abschlussarbeit und nicht um eine gewöhnliche Unterrichtsreihe handelt.

In Neukölln unterrichtete ich die Unterrichtsreihe, die eigentlich für fünf Unterrichtsstunden konzipiert wurde, in drei Doppelstunden. Aufgrund der vorgefundenen Lern- und Arbeitsbedingungen war der somit entstandene Zeitpuffer von einer Unterrichtsstunde sehr hilfreich um die Reihe wie geplant abschließen zu können. Ab der zweiten Stunde, in der im Rahmen der Gruppenarbeit zu Aufgabe 7 mehr Zeit als veranschlagt benötigt wurde, ergab sich somit eine Verschiebung meiner zeitlichen Verlaufsplanung nach hinten. Diese Verschiebung um insgesamt 45 Minuten werde ich hier aus Platzgründen nicht darstellen.

In Köln standen mir fünf Einzelstunden zur Verfügung, meine Zeitplanung erwies sich hier als einigermaßen realistisch und ich konnte die zuvor dargelegte Planung ohne große Änderungen durchführen. An einigen Stelle musste ich auch hier die Aufgabenstellungen deutlich intensiver innerhalb einzelner Arbeitsgruppe erklären, als ich das vorgesehen hatte. Diese Flexibilität ließ meine Planung glücklicherweise zu. Im Feedback der SchülerInnen wurde mehrere Male der Wunsch angeführt, mehr Zeit zur Bearbeitung der Aufgaben zu bekommen, was darauf hinweist, dass meine Zeitplanung auch an dem Kölner Gymnasium sehr knapp kalkuliert war und es der Reihe zu Gute käme, sie zeitlich großzügiger zu planen.

Die Ausstattung betreffend konnten mir beide Schulen kein Smartboard zur Verfügung stellen, weswegen sich meine Planung auf den Einsatz einer herkömmlichen Tafel und einem Overhead-Projektor beschränkt.

In dem folgenden Abschnitt werde ich die beiden Schulen sowie die beiden besuchten Klassen knapp vorstellen, um die von mir vorgefundenen Unterrichtsvoraussetzungen zu schildern.

3.2   Das Ernst Abbe-Gymnasium und die Klasse 7b

Das Ernst-Abbe-Gymnasium befindet sich im Norden des Berliner Stadtteil Neukölln. Etwa 500 SchülerInnen besuchen das reformorientierte Gymnasium, dessen Konzept keinen Ganztagsunterricht, sondern einen regulären Schulschluss um 14.30 Uhr vorsieht. Es besteht seit mehr als 100 Jahren in dem denkmalgeschützten Gebäude auf der Sonnenallee – diesem Bereich der Stadt wird im Berliner Sozialstrukturatlas, der den sozio-ökonomischen Status der Bevölkerung eines Gebietes misst, der Index 7 zugeordnet. Mögliche Werte, die der dieser Index annehmen kann, liegen zwischen 1 und 7 – wobei 7 den schlechtesten Wert darstellt.

Dieser homogen niedrige sozio-ökonomische Status der dort lebenden Bevölkerung spiegelt sich in der Schülerschaft des Gymnasiums wider: Besonders auf die großen Defizite im Bereich Sprachbildung reagiert die Schulleitung mit einem umfassenden Sprachbildungsprogramm, das unter anderem einen konstruktiven und einheitlichen Umgang aller KollegInnen mit den Sprachschwierigkeiten der SchülerInnen in allen Fächern und allen Jahrgangsstufen einfordert. Dank dieses ambitionierten Schulprogramms, seiner in weiten Teilen umfassenden Umsetzung durch das Kollegium und einer ambitionierten Pressearbeit konnte sich das Gymnasium von seinem Ruf als Brennpunktschule distanzieren und gilt heute auch überregional als Vorreiterschule, die in der Lage ist, die herkunftsbedingten Defizite der Schüler*innen mit der deutschen Sprache in Teilen auszuräumen und damit einen Beitrag zu mehr Chancengleichheit an deutschen Schulen zu leisten.

Die Klasse 7b des Ernst-Abbe-Gymnasiums besteht aus 29 SchülerInnen, 17 Mädchen und 12 Jungen. Ich begleitete die Klasse im Rahmen meines Praxissemesters bereits zu Beginn des Schuljahres sowie in den drei Wochen vor der Durchführung des Projektes, so dass ich die SchülerInnen kennenlernen und einen Einblick in ihr Lernverhalten bekommen konnte.

Acht der SchülerInnen arbeiten auf einem der Jahrgangsstufe angemessenem Leistungsniveau, der Großteil der Klasse liegt jedoch deutlich unter diesem Niveau und stößt auf Grund fehlender mathematischer Basiskompetenzen schnell an seine Grenzen.

Die Klasse arbeitet zum Zeitpunkt der Projektdurchführung erst einige Monate zusammen, da der Übergang von der Grundschule auf die weiterführende Schule am Ernst-Abbe-Gymnasium – wie in Berlin üblich – erst nach dem 6. Schuljahr stattfindet. Die Lehrerin berichtet mir von einer grundsätzlichen, großen Unselbständigkeit und sich daraus entwickelnden Orientierungslosigkeit der SchülerInnen zu Beginn des 7. Schuljahres, die sich üblicherweise im Laufe des ersten Schuljahres am Gymnasium langsam legt. Aus diesem Grund, so die Lehrerin, werde das Unterrichten in der Jahrgangsstufe 7 von ihr und ihren Kollegen als eine besondere Herausforderung betrachtet. Nach den Erfahrungen meines Praxissemesters teile ich diese Einschätzung der Lehrerin und leite daraus ab, dass das Unterrichten in dieser Jahrgangsstufe besondere Ansprüche an die Planung des Unterrichts stellt. Unter guten Lernvoraussetzungen (in den ersten beiden Stunden des Schultages und nach Klärung sozialer Konflikte) erlebe die Klasse 7b als eine freundliche und zugewandte Lerngruppe, die neuen Unterrichtsinhalten aufgeschlossen gegenübersteht.

Bei einem großen Teil der SchülerInnen lässt eine Beobachtung des Arbeits- und Lernverhaltens den Schluss zu, dass sich über die Grundschuljahre hinweg grundsätzliche Defizite im Schulfach Mathematik aufbauen konnten. Eine Lernstanderhebung, die ich mit der Mathematiklehrerin in den ersten Wochen des Schuljahres durchführen konnte, bestätigt diese Einschätzung. Bei 21 von 29 SchülerInnen wurden hierbei nicht ausreichende Grundfertigkeiten im Fach Mathematik diagnostiziert. Die Lehrerin erläuterte, dass Ergebnisse dieser Art bei den berlinweiten Lernstandserhebungen am Ernst-Abbe-Gymnasium über alle Fächer hinweg die Regel seien. Die SchülerInnen reagierten auf diesen Test in weiten Teilen mit Enttäuschung und zeigten Interesse daran, ihre Leistungen zu verbessern.

In der Klasse 7b sprechen alle SchülerInnen Deutsch als Zweitsprache und beherrschen eine weitere Sprache als Erstsprache, die im Kontext der eigenen Familie eingesetzt wird.

Dieser Umstand begünstigt ein Problem, vor dem ein großer Teil der Schülerschaft dieses Gymnasiums steht: Viele der Lernenden haben Schwierigkeiten mit der im Unterricht gesprochenen Bildungssprache. In der Folge werden einige SchülerInnen im Unterrichtsgespräch kaum erreicht und Arbeitsaufträge häufig nicht oder falsch verstanden. Diese Probleme gelten noch verstärkt für die im Mathematikunterricht angestrebte Fachsprache, die zwar sehr exakt, aber auch sehr voraussetzungsreich ist und für viele eine Hürde darstellt, die sie daran hindert, dem Unterrichtsgeschehen folgen zu können.

3.3 Das Hildegard von Bingen-Gymnasium und die Klasse 6b

Das Hildegard von Bingen-Gymnasium befindet sich im Kölner Stadtteil Sülz. Etwa 1000 SchülerInnen besuchen das Gymnasium, an dem seit dem Jahr 2009 im Ganztagsbetrieb gearbeitet wird. Ebenfalls seit 2009 bezeichnet sich die Schule als ein sportbetontes Gymnasium, was sich in zahlreichen Kooperationen und Projekten niederschlägt. Sülz liegt im Westen Kölns und verzeichnet laut den Kölner Stadtteilinformationen einen Anteil von BürgerInnen mit Migrationshintergrund von etwa 20 %. Seine Bewohner gehören in weitem Teilen dem bildungsbürgerlichen Milieu an, was sich folglich auf die Schülerschaft des Hildegard von Bingen-Gymnasiums niederschlägt: Das Lern- und Arbeitsverhalten spiegelt wider, dass die Mehrzahl der SchülerInnen aus bildungsnahen Familien mit hohem sozio-ökonomischen Status kommen. Der Schulstatistik ist zu entnehmen, dass etwa 10 % der SchülerInnen aus Familien nichtdeutscher Herkunftssprache stammen.

Die Klasse 6b des Hildegard von Bingen-Gymnasiums besteht aus 24 SchülerInnen, 11 Mädchen und 13 Jungen. Da in Nordrhein-Westfalen der Übergang von der Grundschule in die weiterführende Schule nach der Jahrgangsstufe 4 erfolgt, liegt der Schulwechsel für die SchülerInnen der 6b bereits einige Zeit zurück und die Lerngruppe hatte Zeit, zusammenzuwachsen und eine dem Gymnasium angemessene Selbständigkeit im Arbeiten zu entwickeln. Die Schulsozialarbeiterin berichtete von einer Reihe anfänglicher sozialer Konflikte in der Klasse, die innerhalb des ersten Schuljahres an der neuen Schule überwunden werden konnten.

Ich besuche diese Klasse ausschließlich für die Durchführung der hier vorgestellten Unterrichtsreihe, so dass ich mir im Vorfeld des Projektes keinen
persönlichen Eindruck über die Lerngruppe verschaffen konnte. Diese Zusammenarbeit kam zustande, weil der Mathematiklehrer der Klasse 6b von dieser
Lerngruppe als einer überdurchschnittlich interessierten und begabten sprach –
und mir dieser starke Kontrast zwischen den unterschiedlichen Voraussetzungen
der Schülerschaften der beiden Gymnasien für mein Projekt zuträglich erschien.

Während des Projektes stellte ich fest, dass das Leistungsniveau der SchülerInnen – wie erwartet – homogen und hoch ist. Alle SchülerInnen der Klasse 6b
sind in der Lage, selbständig zu arbeiten. Sie zeigen Interesse an neuen Lernin-
halten, können sich über eine lange Zeitspanne konzentrieren und haben kaum
Schwierigkeiten, ihre eigenen Gedanken in Wort und Schrift festzuhalten.

Die Analyse der Durchführung der Unterrichtsreihe vor dem Hintergrund der beiden Erprobungen

4

4.1 ' Die Analyse meiner grundsätzlichen didaktisch-methodischen Entscheidungen

Die LehrerIn als VorleserIn
Zu meiner großen Freude erlebte ich während des Vorlesens sowohl in der 6b als auch in der 7b kaum Unterrichtsstörungen. Die SchülerInnen hörten aufmerksam und interessiert zu. Meine unter 2.5.1 dargelegte Sorge, dass sich – insbesondere die SchülerInnen, die nicht mit einer Lese- und Vorlesekultur vertraut sind – gelangweilt zeigen könnten, bestätigte sich nicht.

Ich bemerkte jedoch starke Unterschiede, was das Verständnis des Vorgelesenen betraf: In der Neuköllner Lerngruppe war eine kurze Wiederholung, was in der Erzählung geschah, wichtig und wurde angenommen, während mir die Kölner SchülerInnen signalisierten, dass sie eine solche wiederholende Besprechung der Inhalte langweilte.

Das anonyme Feedback, das die SchülerInnen mir am Ende der Reihe gaben, spiegelt meine Wahrnehmung wider (Abbildung 4.1, Abbildung 4.2, Abbildung 4.3, Abbildung 4.4):

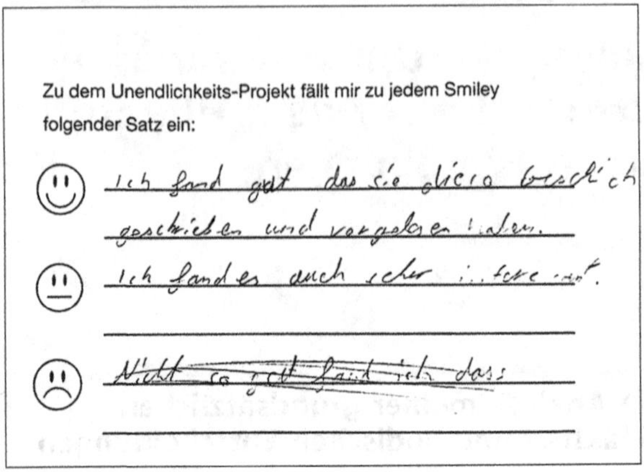
Zu dem Unendlichkeits-Projekt fällt mir zu jedem Smiley
folgender Satz ein:

Abbildung 4.1 „Ich fand gut das sie diese Geschichte geschrieben und vorgelesen haben. Ich fand es auch sehr interessant.“

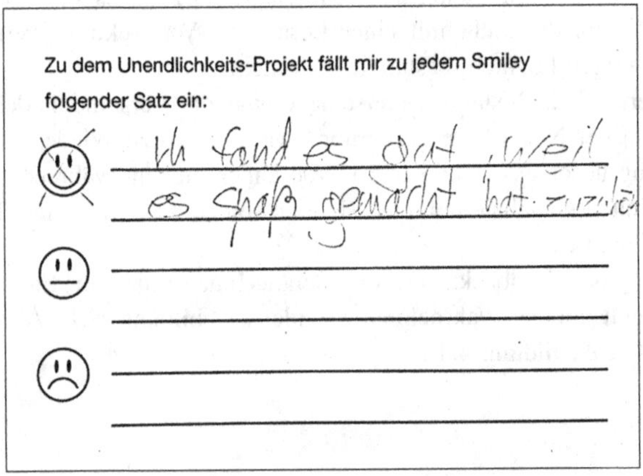
Zu dem Unendlichkeits-Projekt fällt mir zu jedem Smiley
folgender Satz ein:

Abbildung 4.2 „Ich fand es gut, weil es Spaß gemacht hat zuzuhören.“

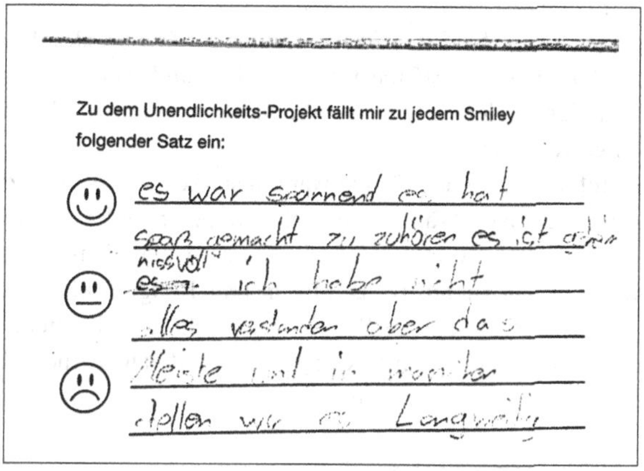

Zu dem Unendlichkeits-Projekt fällt mir zu jedem Smiley folgender Satz ein:

es war spannend es hat Spaß gemacht zu zuhören es ist geheimnisvoll ich habe nicht alles verstanden aber das Meiste und in manchen stellen war es Langweilig

Abbildung 4.3 „Es war spannend es hat Spaß gemacht zu zuhören es ist geheimnisvoll ich habe nicht alles verstanden aber das Meiste und in manchen stellen war es Langweilig."

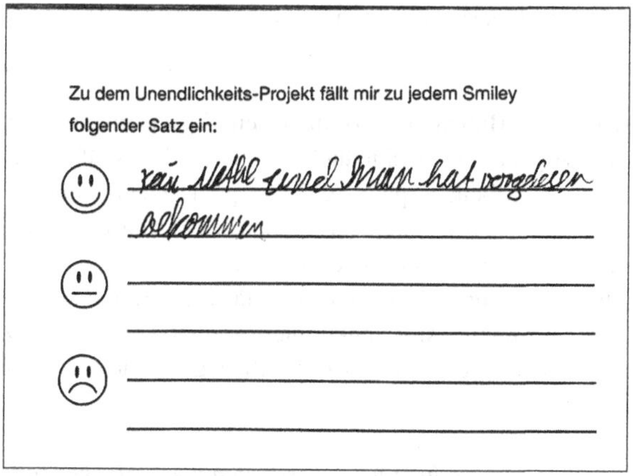

Zu dem Unendlichkeits-Projekt fällt mir zu jedem Smiley folgender Satz ein:

kein Mathe und Man hat vorgelesen bekommen

Abbildung 4.4 „Kein Mathe und man hat vorgelesen bekommen."

Die Heranführung an das Thema
Der Einstieg durch das Schild „Hortus infinitatis. Garten der Unendlichkeit"
konnte ich das Interesse der SchülerInnen wecken und hatte ihre Aufmerksam-
keit auf die Erzählung gelenkt. In Neukölln wurde ich gefragt, ob ich wirklich in
diesem Garten gewesen sei.

Bei der Heranführung an das Thema war ein starker Unterschied zwischen den
beiden Klassen erkennbar: Während die Neuköllner Schüler umgehend begannen, die Aufschrift des Hinweisschildes „Garten der Unendlichkeit" mit Begriffen
ihrer Lebenswelt zu assoziieren (z. B. „In unserer Religion könnte es das Para-
dies sein."), zeigen sich die Kölner SchülerInnen sehr zurückhaltend und es kam
nur sehr schleppend ein Gespräch in Gang, was ich darauf zurückführe, dass sie
fürchteten, etwas „Falsches" zu sagen.

Enaktiv, ikonisch und symbolisch arbeiten
Die SchülerInnen arbeiteten prinzipiell mit Freude mit und an dem Material zur
Veranschaulichung, das ich mitgebracht hatte. Der Einsatz der „Perlenketten" half
den SchülerInnen, die komplexen Inhalte besser greifen zu können und sie zeigten
sich motiviert, selber in der Gruppenarbeit die ersten Elemente der Perlenkette
„positive Brüche" auffädeln zu können.

Sozialform
Die Arbeit der SchülerInnen in verschiedenen Sozialformen habe ich in den
beiden Lerngruppen sehr unterschiedlich erlebt. In der Neuköllner Lerngruppe
war die Bildung von Arbeitsgruppen Ausgangspunkt einer großen Unruhe. Dies
hänge, so die Lehrerin, auch damit zusammen, dass sich die SchülerInnen erst
seit einem halben Jahr kennen und noch Routinen fehlen.

Die Einteilung in Gruppen und das selbständige Arbeiten im Allgemeinen
hat in der Kölner 6b reibungslos funktioniert und es war deutlich zu erkennen,
dass die SchülerInnen an diese Form der Arbeit gewöhnt sind (Abbildung 4.5,
Abbildung 4.6).

Forschendes Denken durch schriftliches Festhalten der Gedanken unterstützen
Insbesondere die Neuköllner Lerngruppe zeigte sich überrascht und in Teilen
antriebslos bezüglich jener Aufgaben, die ein schriftliches Festhalten ihrer Gedanken einforderten. Ich möchte hierbei betonen, dass es sich meinem Eindruck
nach aber nicht um eine Trägheit bei der Suche nach Antworten auf die Fragen,
sondern um eine Trägheit beim Notieren dieser Antworten handelte. Die SchülerInnen mussten teilweise explizit und mehrfach aufgefordert werden, ihre Antwort
zu verschriftlichen. Diese Reaktion bringe ich mit den prinzipiellen Defiziten der

Zu dem Unendlichkeits-Projekt fällt mir zu jedem Smiley
folgender Satz ein:
Ich fand die Groppenarbeit
gut. es hat allgemein auch
spaß gemacht

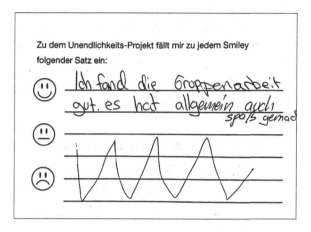

Abbildung 4.5 „Ich fand die Gruppenarbeit gut. es hat allgemein auch spaß gemacht."

Zu dem Unendlichkeits-Projekt fällt mir zu jedem Smiley
folgender Satz ein:
Ich fand es gut das wir es gemeinsam
gemacht haben in den Gruppen.
Und ich fand die Geschichten gut und sie sehr
nett.

Abbildung 4.6 „Ich fand es gut das wir es gemeinsam gemacht haben in den Gruppen. Und ich fand die Geschichten gut und sie sehr nett."

SchülerInnen im Bereich der Sprachbildung in Zusammenhang, die ich unter 3.2 schildere.

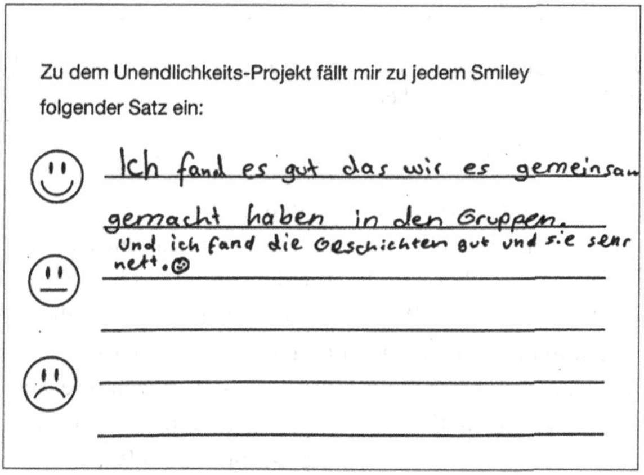

Die Kölner Lerngruppe zeigte beim Verfassen eigener Antworten keine Motivationsprobleme und war in der Lage, diesbezüglich auf einem höheren Niveau zu arbeiten (Abbildung 4.7).

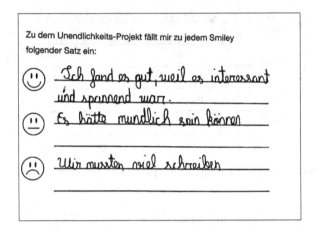

Abbildung 4.7   „Ich fand es gut, weil es interessant und spannend war. Es hätte mündlich sein können. Wie mussten viel schreiben."

Die Kompetenz ‚K1: Mathematisch argumentieren'
Meinem Eindruck nach ist in beiden Lerngruppen das an sie herangetragenen Vorhaben, gemeinsam mathematische Inhalte zu erforschen, gut angenommen worden. Das Interesse an dem Projekt wurde verstärkt durch die Tatsache, dass die SchülerInnnen mich nicht kannten und ich mich ihnen als eine Forscherin von der Universität vorstellte. Dass mein didaktisches Anliegen, die SchülerInnen zu entdeckendem Lernen zu motivieren von einigen wahrgenommen und geschätzt wurde, zeigt das Feedback (Abbildung 4.8, Abbildung 4.9):

Die Kompetenz ‚K6: Mathematisch kommunizieren'
Die SchülerInnen zeigten sich motiviert, über die Fragen, mit denen Alin und Samy im Garten der Unendlichkeit konfrontiert werden, im Plenum, in der Gruppe und im Gespräch mit dem Sitznachbarn zu diskutieren und die vielen Sprechanlässe, die meine Unterrichtsplanung ihnen bot wurden angenommen.
     Das positive Feedback dazu, dass die SchülerInnen viel in Gruppen arbeiteten, weist ebenfalls darauf hin, dass die SchülerInnen keine Vorbehalte gegenüber

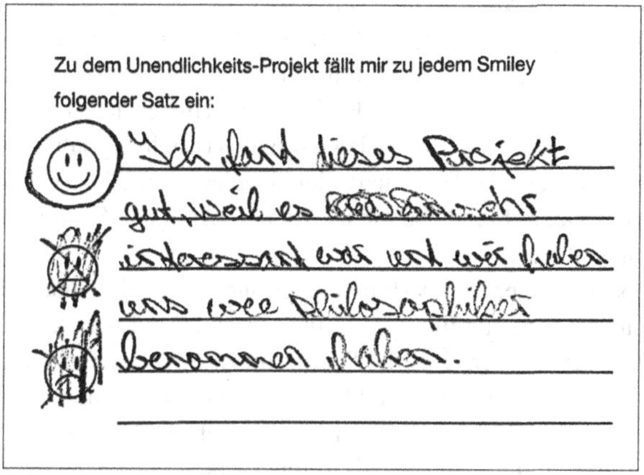

Abbildung 4.8 „Ich fand dieses Projekt gut, weil es sehr interessant war und wir haben uns wie Philosophiker benommen."

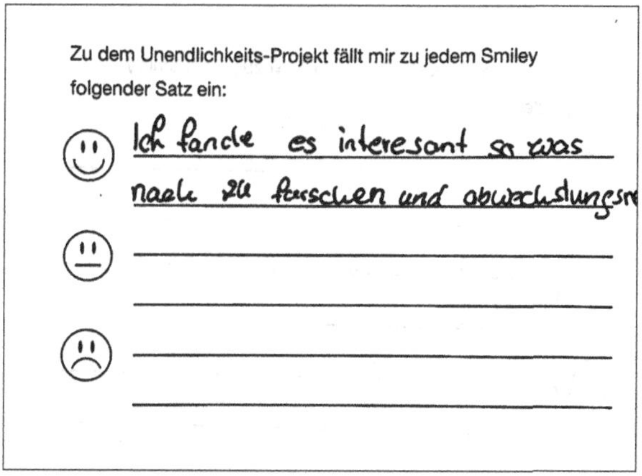

Abbildung 4.9 „Ich fand es interessant so was nachzuforschen und abwechslungsreich."

einem mathematischen Austausch haben. Die Ergebnisse der Arbeitsphasen zeigen, dass auch tatsächlich ein mathematischer Austausch stattfand und nicht nur „geplaudert" wurde.

Einschätzungen zu den Anforderungsbereichen

Die Durchführung der Unterrichtsreihe bestätigte mich in meiner Einschätzung, dass es sich bei den unterrichteten Inhalten um anspruchsvollen Stoff handelt. Ich nahm positiv wahr, dass mir viele der SchülerInnen durch ihr Verhalten im Unterricht ihre Bereitschaft am Mitdenken und Knobeln signalisierten. An einigen Stellen konnte ich den Gesichtern der SchülerInnen „Aha-Effekte" ablesen, was wir eine besondere Freude bereitete. (Mehr dazu in der Analyse der einzelnen Unterrichtsstunden.)

Das Feedback einiger SchülerInnen zeigt auch, dass die Unterrichtsreihe für schwache SchülerInnen zumindest in Teilen überfordernd war. (siehe Abb. 4.10)

Es gibt ebenfalls wieder, dass die SchülerInnen trotz der Tatsache, dass einige Zusammenhänge möglicherweise unklar geblieben sind, keinen Frust entwickelten, sondern sich diese kognitiven Grenzen zugestehen. Diese Reaktion zeigt mir, dass meine Aufforderung, Irritation als Teil des Erkenntnisprozesses zu begreifen, bei den SchülerInnen Spuren die eigene Einschätzung ihrer Leistung betreffend hinterlassen hat (Abbildung 4.11, Abbildung 4.12, Abbildung 4.13).

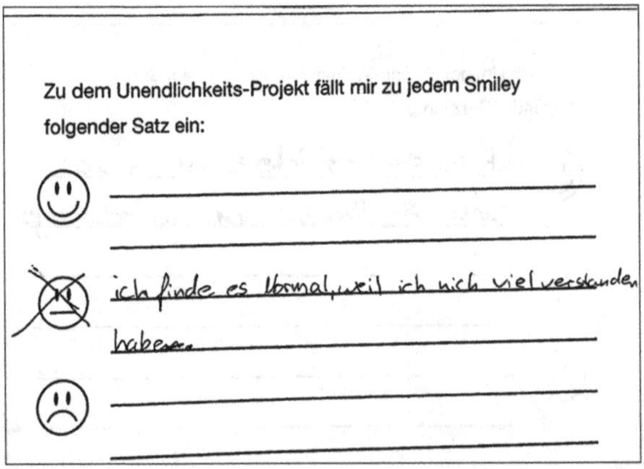

Abbildung 4.10   „ich finde es Normal, weil ich nich viel verstanden habe."

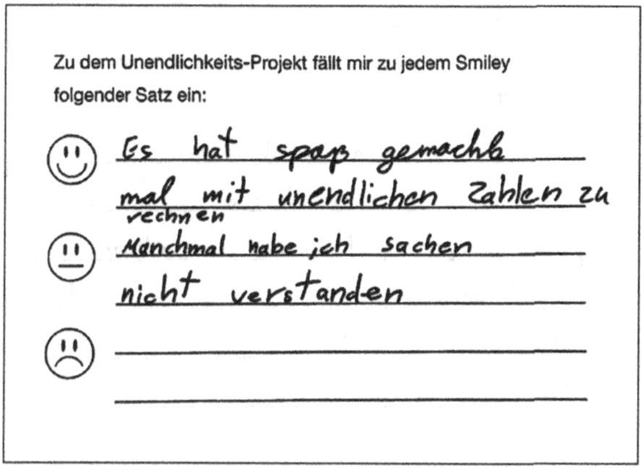

Zu dem Unendlichkeits-Projekt fällt mir zu jedem Smiley
folgender Satz ein:

Es hat spaß gemacht mal mit unendlichen Zahlen zu rechnen

Manchmal habe ich Sachen nicht verstanden

Abbildung 4.11 „Es hat Spaß gemacht mal mit unendlichen Zahlen zu rechnen. Manchmal habe ich Sachen nicht verstanden."

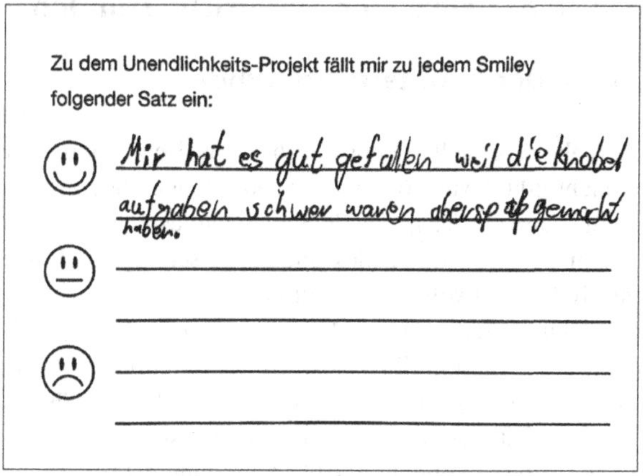

Zu dem Unendlichkeits-Projekt fällt mir zu jedem Smiley
folgender Satz ein:

Mir hat es gut gefallen weil die Knobelaufgaben schwer waren aber spaß gemacht haben.

Abbildung 4.12 „Mir hat es gut gefallen weil die Knobelaufgaben schwer waren aber spaß gemacht haben."

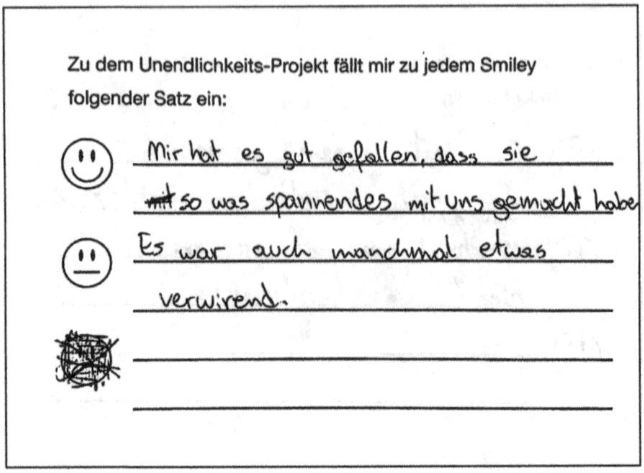

Zu dem Unendlichkeits-Projekt fällt mir zu jedem Smiley folgender Satz ein:

☺ Mir hat es gut gefallen, dass sie mit so was spannendes mit uns gemacht habe

☺ Es war auch manchmal etwas verwirrend.

Abbildung 4.13 „Mir hat es gut gefallen, dass sie so etwas spannendes mit uns gemacht haben. Es war auch manchmal etwas verwirrend."

4.2   Analyse der einzelnen Unterrichtsstunden

4.2.1   Analyse der 1. Unterrichtsstunde

Die in der Aufgabe 1 gestellte Frage nach Alins Begründung, warum es die Unendlichkeit nicht gibt, beantworten alle SchülerInnen ohne Probleme, weshalb ich davon ausgehe, dass sie das in der Erzählung dargestellte Bild von der Unendlichkeit als einem Monster, das „alles andere verschlingt und sich grenzenlos ausbreitet" intuitiv für nachvollziehbar halten.

Einige SchülerInnen ändern ihre Meinung von der 2. zur 3. Aufgabe, was auf die gewünschte Irritation ihrer spontanen Intuition schließen lässt: Sie halten zunächst die Aussage „Es gibt mehr Bäume als Eichhörnchen" für korrekt, revidieren ihre Entscheidung jedoch nachdem sie sich mit der Aufgabe 3 auseinandergesetzt haben (Abbildung 4.14, Abbildung 4.15).

Für das Unterrichtsgeschehen viel entscheidender war in meinen Augen aber die Tatsache, dass in beiden Lerngruppen eine Diskussion unter den SchülerInnen in Gang kam: In beiden Klassen gab es das Lager „Es gibt gleich viele Bäume und Eichhörnchen" und das Lager „Es gibt mehr Bäume als Eichhörnchen". Die SchülerInnen zeigten sich in der Suche nach Argumenten sehr kreativ und kamen häufig auf das dynamische Bild der „immer weiterwachsenden Baumreihe" zu sprechen. Einige SchülerInnen fügen ihrer Antwort auch noch hinzu,

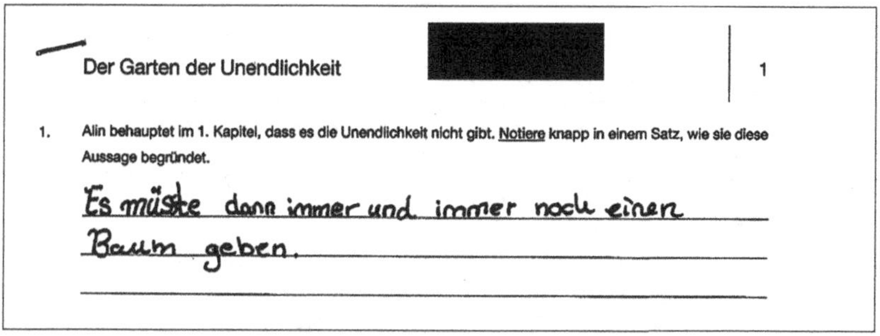

Der Garten der Unendlichkeit   ████████████   1

1.   Alin behauptet im 1. Kapitel, dass es die Unendlichkeit nicht gibt. <u>Notiere</u> knapp in einem Satz, wie sie diese Aussage begründet.

Es müsste dann immer und immer noch einen Baum geben.

Abbildung 4.14 „Es müsste immer noch einen Baum geben."

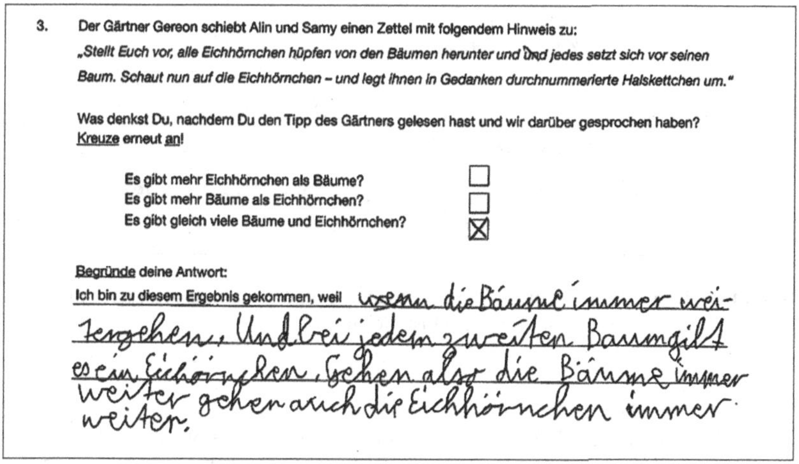

3.   Der Gärtner Gereon schiebt Alin und Samy einen Zettel mit folgendem Hinweis zu:

„Stellt Euch vor, alle Eichhörnchen hüpfen von den Bäumen herunter und und jedes setzt sich vor seinen Baum. Schaut nun auf die Eichhörnchen – und legt ihnen in Gedanken durchnummerierte Halskettchen um."

Was denkst Du, nachdem Du den Tipp des Gärtners gelesen hast und wir darüber gesprochen haben? <u>Kreuze</u> erneut <u>an</u>!

Es gibt mehr Eichhörnchen als Bäume?   ☐
Es gibt mehr Bäume als Eichhörnchen?   ☐
Es gibt gleich viele Bäume und Eichhörnchen?   ☒

<u>Begründe</u> deine Antwort:
Ich bin zu diesem Ergebnis gekommen, weil *wenn die Bäume immer weitergehen. Und bei jedem zweiten Baum gilt es ein Eichörnchen. Gehen also die Bäume immer weiter, gehen auch die Eichhörnchen immer weiter.*

Abbildung 4.15 „...wenn die Bäume immer weitergehen. Und bei jedem zweiten Baum gibt es ein Eichhörnchen. Gehen also die Bäume immer weiter gehen auch die Eichhörnchen immer weiter."

dass es eine solche Baumreihe mit der Begründung aus Aufgabe 1 überhaupt nicht geben kann. Ein Schüler gab an, dass diese Aussagen beide richtig sind und machte damit noch einmal den argumentativen Zwiespalt, in dem er sich befindet, deutlich (Abbildung 4.16, Abbildung 4.17).

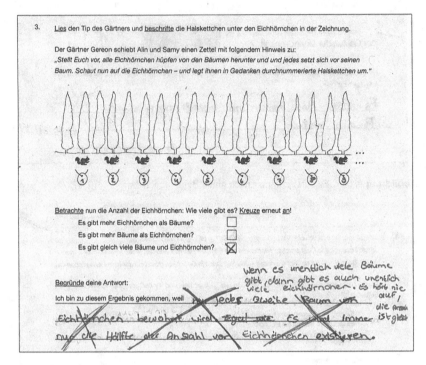

Abbildung 4.16 „Wenn es unentlich viele Bäume gibt, dann gibt es auch unendlich viele Eichhörnchen. Es hört nie auf, die Anzahl ist gleich."

Konnten die Ziele dieser Stunde erreicht werden?
Die von mir unter 2.5.1 formulierten Lernziele (Interesse wecken, Eintauchen in den Garten, Irritation und Positionierung bezüglich der Frage der Anzahl von Zypressen und Eichhörnchen) haben die Mehrzahl der SchülerInnen erreicht, teilweise war ihnen sogar eine richtige Einschätzung, ob es mehr Bäume oder gleich viele Bäume und Eichhörnchen gibt, spontan und ohne Irritation möglich.

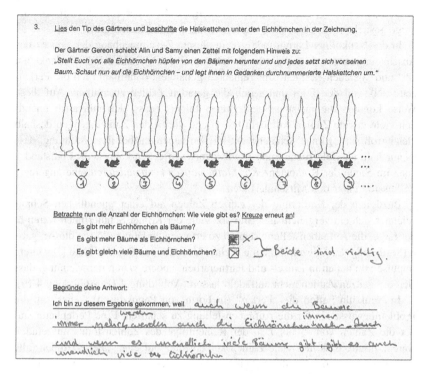

Abbildung 4.17 „...auch wenn die Bäume immer mehr werden, werden auch die Eichhörnchen immer mehr. Wenn es unendlich viele Bäume gibt, gibt es auch unendlich viele Eichhörnchen."

4.2.2 Analyse der 2. Unterrichtsstunde

In der zweiten Unterrichtsstunde waren die Unterschiede zwischen den beiden Lerngruppen sehr deutlich: Während es für die Kölner SchülerInnen kein Problem darstellte, die zentrale Fragestellung der vergangenen Stunde und die zwei Positionen inklusive der Argumente noch einmal zu wiederholen, beschränkte sich die spontane Erinnerung der Neuköllner SchülerInnen drauf, dass es ein „Problem mit Bäumen und Eichhörnchen in einem Garten" gab.

Der Übertrag der konkreten Objekte „Zypressen" und „Eichhörnchen" auf die Zahlenmengen verlief in der Kölner Lerngruppe problemlos und die SchülerInnen zeigten sich gelangweilt bezüglich der Aufgabe 4, in der eine Antwort auf die Frage gesucht wird, ob es mehr natürliche als gerade Zahlen gibt.

In der Neuköllner Lerngruppe war in diesem Zusammenhang der Einsatz des Anschauungsmaterials von großer Bedeutung: Zunächst habe ich die Perlenketten „$\mathbb{N}$" und „gerade Zahlen" untereinander gehangen, dann nahm ich die Perlenkette „$\mathbb{N}$" von der Tafel und schob die geraden Zahlen zusammen. Auf diese Weise konnten die meisten SchülerInnen folgern, dass sich nun auch unendlich viele gerade Zahlen auffädeln lassen und die beiden Zahlenmengen deshalb gleichgroß sind. Einige SchülerInnen blieben vehement bei ihrer Meinung, dass es nur halb so viele Eichhörnchen wie Zypressen geben kann und es entstand – ganz im Sinne der Kompetenz *K6: Mathematisch kommunizieren* eine angeregte Diskussion unter den MitschülerInnen

Bezüglich der Sortierung der ganzen Zahlen auf einer unendlichen Schnur zeichnet sich ein vergleichbares Bild ab: Viele der Kölner SchülerInnen waren in der Lage, die Aufgabenstellung schnell zu erfassen und einige lösten die Aufgabe 6 (Sortierung der Ganzen Zahlen auf einer Unendlichen Schnur) ohne (!) weitere Impulse von außen in Einzel- und Partnerarbeit, andere waren der Meinung, dass sich die ganzen Zahlen nicht auffädeln lassen (Abbildung 4.18, Abbildung 4.19).

In Neukölln halfen die „Perlen" (in Form von Pappkreisen) weiter, um ein Problembewusstsein für die Aufgabenstellung zu schaffen: Eine Perlenkette, auf der die Zahlen von -5 bis 7 in der Reihenfolge des Zahlenstrahls aufgefädelt waren, zeigte, dass hier viele Zahlen keinen Platz auf einer „Perle" finden (alle Zahlen $x : x \leq -6$). Auf diese Weise gelang es, den meisten SchülerInnen einen Zugang zu der Aufgabe zu verschaffen. Die Idee, dass nun jeweils die natürliche Zahl und ihre negative „Gegenzahl" hintereinander aufgefädelt werden können, entwickeln die SchülerInnen anschließend im Plenumsgespräch – und nicht wie vorgesehen in Partnerarbeit.

Die Aufgabe 7 bearbeiteten die SchülerInnen zunächst, ohne dass das Konzept der Überabzählbarkeit eine große Rolle spielte. Beide Lerngruppen zeigten sich motiviert und nach der Auseinandersetzung mit abstrakten Zahlenmengen erfreut darüber, wie im Mathematikunterricht gewöhnt mit Zahlen umgehen zu dürfen und auf ihnen bekannte Regeln zurückgreifen zu können. Bis zum Ende der Stunde beschäftigten sich die SchülerInnen mit dem Ausfüllen der Tabelle. Eine Idee, wie eine Ordnung der positiven Brüche gefunden werden kann, entwickelt in dieser Stunde noch niemand.

Der Garten der Unendlichkeit   3

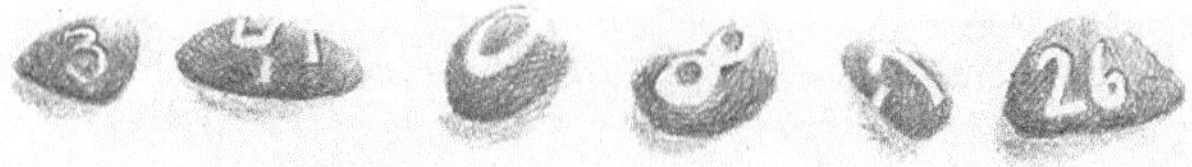

5. Was meint ihr? Wie heißen die Zahlen, von denen Gereon hier spricht und welche Zahlen sind in der Über-
    zahl – die natürlichen Zahlen oder die *Kieselstein-Zahlen*? Kreuze an!

Rationale Zahlen ☐   Die *Kieselstein-Zahlen* sind in der Überzahl. ☐
Ungerade Zahlen ☐   Die natürlichen Zahlen sind in der Überzahl. ☒
Ganze Zahlen ☒   Die Anzahl der *Kieselstein-Zahlen* und der ☐
                                    natürlichen Zahlen ist gleich.

6. Alin antwortet auf Gereons Frage: „...es müssten doppelt so viele Kieselstein-Zahlen wie natürliche Zahlen
    sein. Schließlich laufen sie in zwei Richtungen der Unendlichkeit entgegen. Einmal in die negative
    Unendlichkeit und einmal in die positive Unendlichkeit."
    Hat Alin damit recht?

    Wir nehmen wieder die Perlenkette zu Hilfe: Wird es gelingen, alle *Kieselstein-Zahlen* zu einer unendlich
    langen Kette aufzufädeln? Probiert es aus und sucht eine Ordnung, die keine Zahl vergisst. Beschriftet
    anschließend die Zeichnung unten mit Zahlen.

    Beachte:
    · Die gesuchte Ordnung muss **alle** ganzen Zahlen berücksichtigen - keine darf vergessen werden.
    · Die Schnur ist unendlich lang, hat aber an ihrem Anfang einen dicken Knoten.

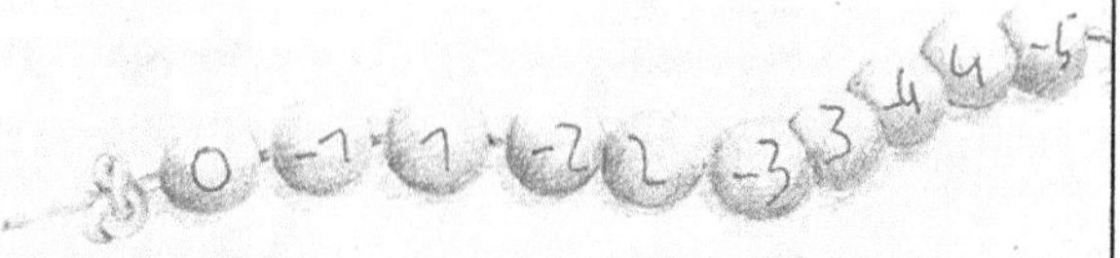

    Zu welchem Ergebnis bist Du gekommen?
    Die ganzen Zahlen lassen sich auf eine unendliche Perlenkette auffädeln. ☒
    Die ganzen Zahlen lassen sich nicht auf eine unendliche Perlenkette fädeln lassen. ☐

    Begründe deine Antwort:
    Ich bin zu diesem Ergebnis gekommen, weil wir finden, dass dies eine Ordnung ist
    und man es so sortieren kann.

Abbildung 4.18 „...wir finden, dass dies eine Ordnung ist und man es so sortieren kann."

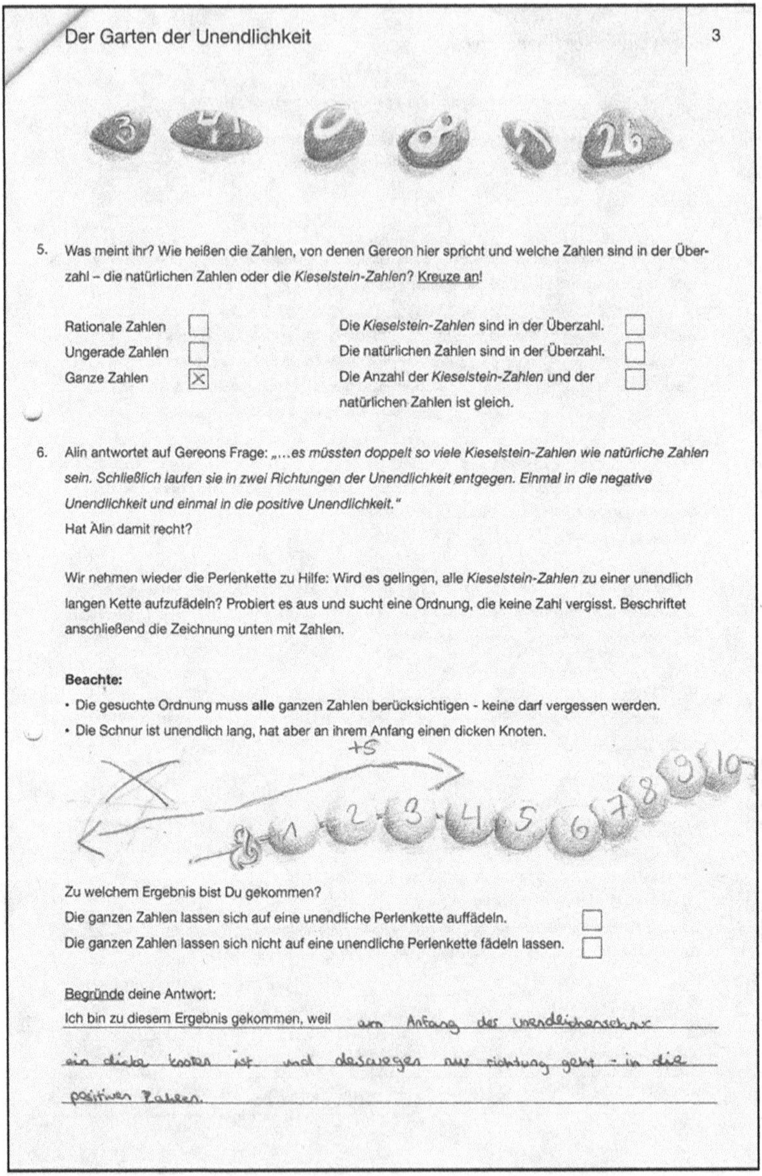

Der Garten der Unendlichkeit   3

5. Was meint ihr? Wie heißen die Zahlen, von denen Gereon hier spricht und welche Zahlen sind in der Überzahl – die natürlichen Zahlen oder die *Kieselstein-Zahlen*? <u>Kreuze an!</u>

Rationale Zahlen ☐   Die *Kieselstein-Zahlen* sind in der Überzahl. ☐
Ungerade Zahlen ☐   Die natürlichen Zahlen sind in der Überzahl. ☐
Ganze Zahlen ☒   Die Anzahl der *Kieselstein-Zahlen* und der ☐
                                   natürlichen Zahlen ist gleich.

6. Alin antwortet auf Gereons Frage: „…*es müssten doppelt so viele Kieselstein-Zahlen wie natürliche Zahlen
sein. Schließlich laufen sie in zwei Richtungen der Unendlichkeit entgegen. Einmal in die negative
Unendlichkeit und einmal in die positive Unendlichkeit.*"
Hat Alin damit recht?

Wir nehmen wieder die Perlenkette zu Hilfe: Wird es gelingen, alle *Kieselstein-Zahlen* zu einer unendlich
langen Kette aufzufädeln? Probiert es aus und sucht eine Ordnung, die keine Zahl vergisst. Beschriftet
anschließend die Zeichnung unten mit Zahlen.

Beachte:
• Die gesuchte Ordnung muss **alle** ganzen Zahlen berücksichtigen - keine darf vergessen werden.
• Die Schnur ist unendlich lang, hat aber an ihrem Anfang einen dicken Knoten.

Zu welchem Ergebnis bist Du gekommen?
Die ganzen Zahlen lassen sich auf eine unendliche Perlenkette auffädeln. ☐
Die ganzen Zahlen lassen sich nicht auf eine unendliche Perlenkette fädeln lassen. ☐

<u>Begründe</u> deine Antwort:
Ich bin zu diesem Ergebnis gekommen, weil am Anfang der Unendlichenschnur
ein dicker knoten ist und deswegen nur richtung geht – in die
positiven Zahlen.

Abbildung 4.19 „…am Anfang der unendlichen Schnur ein dicker Knoten ist und deswegen nur eine Richtung geht – in die positiven Zahlen."

Konnten die Ziele dieser Stunde erreicht werden?
Was die Lernziele betraf, gelang beiden Lerngruppen der Sprung von den konkreten Objekten zur Betrachtung abstrakter Zahlenmengen. Das verwendete Anschauungsmaterial stellte hierbei – insbesondere bei der Neuköllner Lerngruppe – eine große Hilfe dar.

Die SchülerInnen finden (mit unterschiedlich starker Unterstützung) eine Ordnung, die zeigt, dass es gleich viele natürliche und ganze Zahlen gibt.

Die übergeordnete Frage, ob $\mathbb{Q}^+$ abzählbar ist, wurde in dieser Stunde nur implizit über den Gärtner thematisiert und spielte noch keine große Rolle.

Da wir uns erst am Ende der 2. Stunde dieser Aufgabe zugewendet haben, erscheint es mir angemessen, dieses anspruchsvolle Thema auf den Beginn der 3. Stunde zu verlegen.

4.2.3 Analyse der 3. Unterrichtsstunde

Das Prinzip, nach dem die Tabelle ausgefüllt wird, wurde schnell erkannt. Einige SchülerInnen hatten Schwierigkeiten mit dem Kürzen der Brüche, doch die Besprechung der Ergebnisse stellte wie geplant sicher, dass sich alle SchülerInnen der Frage zuwenden können, wie all diese Brüche hintereinander auf eine Perlenkette gefädelt werden könnten (Abbildung 4.20).

Abbildung 4.20 Tafelbild
nach Bearbeitung der
Aufgabe 7a)

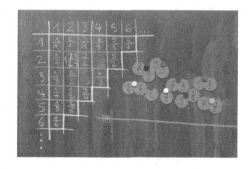

Mit dieser Frage hatte die Unterrichtsreihe nach meiner Einschätzung ihren anspruchsvollsten und abstraktesten Teil erreicht. Hierbei stießen die SchülerInnen weniger bei der konkreten Bearbeitung der Aufgabe an ihre Grenzen, sondern vielmehr bei der Motivation, warum diese Frage überhaupt von Relevanz sein könnte. Das Konzept der irrationalen Zahlen fehlte, um den SchülerInnen beider Lerngruppen plausibel zu machen, dass es Zahlenmengen gibt, die größer als unendlich sind und damit die Frage, ob sich die rationalen Zahlen auf eine Perlenkette auffädeln lassen eine relevante Frage für die Mathematik ist.

Unabhängig von dem Verständnis der Überabzählbarkeit der irrationalen Zahlen zeigten sich viele SchülerInnen in beiden Lerngruppen fasziniert von der bizarren Frage, ob es gleich viele natürliche Zahlen und positive Brüche geben kann. Sie konnten nachvollziehen, dass sich schon zwischen zwei natürlichen Zahlen unendlich viele Brüche befinden und entwickelten in der Folge ein Interesse, wie man die Elemente der Menge $\mathbb{Q}^+$ auf eine Schnur sortieren kann, ohne dass ein einziges vergessen wird.

In der Neuköllner Lerngruppe führte ich in der Gruppenarbeitsphase viele klärende Gespräche innerhalb der Gruppen und gab den Hinweis, das Modell des Wasserlaufs einzubeziehen. Dass diese Gespräche nötig waren, zeigte, dass meine Aufgabenstellung für das Leistungsniveau der meisten SchülerInnen zu komplex war. Ich hatte jedoch den Eindruck, die Fragen und Unklarheiten der SchülerInnen durch diese Gespräche abfedern zu können. Einige Gruppen konnten sich das Prinzip anschließend selbst erschließen und zeigten sich stolz über diesen Erfolg. Die Gruppe, die ihre Ergebnisse der Klasse vorstellte, präsentierte ihre Ergebnisse souverän und konnte die Fragen der MitschülerInnen dazu beantworten (Abbildung 4.21, Abbildung 4.22).

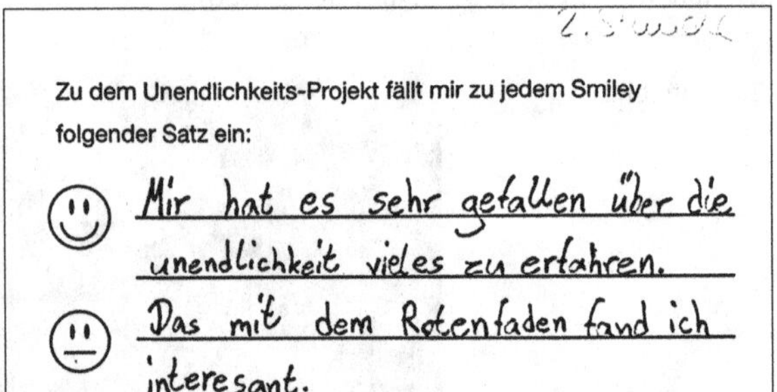

Abbildung 4.21 „Mir hat es sehr gefallen über die unendlichkeit vielen zu erfahren. Das mit dem Rotenfaden fand ich interesant."

Abbildung 4.22 Tafelbild nach Bearbeitung der Aufgabe 7c). Es folgt das Anbringen der „Perlen" mit Magneten

In der Kölner Lerngruppe waren zu meinem Erstaunen mehrere Gruppen in der Lage, die Aufgabe ohne weitere Hinweise von mir zu lösen.

Im Plenumsgespräch antwortet eine Schülerin auf meine Frage, warum die gefundene Ordnung geeigneter ist als andere: „Weil man so immer wieder an den Rand stößt." Diese und andere Äußerungen zeigten mir, dass die SchülerInnen in beiden Lerngruppen die Qualität dieser Ordnung erkannt hatten.

In der anschließenden Arbeit mit dem Blatt eines Pythagoras-Baumes erlebte ich die SchülerInnen beider Lerngruppen als motiviert und sie begannen rasch zu arbeiten. Viele äußerten sich positiv darüber, dass das Pythagoras-Blatt so schön aussehe und fanden möglicherweise auch aus diesem Grund einen guten Zugang zu der Aufgabe. (Abbildung 4.25) Die Textarbeit stellte für einige SchülerInnen der Neuköllner Klasse 7b eine Hürde dar, doch ließ sich diese gut durch Hilfestellungen von meiner Seite überwinden und führte nur vereinzelt zu Unterrichtsstörungen.

Konnten die Ziele dieser Stunde erreicht werden?

Die Ziele dieser Stunde betreffend beantworteten die SchülerInnen (mit und ohne Hilfestellungen) die Frage, wie alle Elemente der positiven rationalen Zahlen auf eine Perlenkette gefädelt werden können. Leider verstanden nur einige SchülerInnen, dass die Tatsache, ob sich die Elemente einer Menge auf eine Perlenkette auffädeln lassen, die Frage nach der Abzählbarkeit einer Zahlenmenge beantwortet. Der Hintergrund ist das fehlende Konzept der Überabzählbarkeit, das beispielsweise zu folgender Wortmeldung führte: Das Vorhaben, die Zahlen „aufzufädeln" wurde durch die Frage eines Schülers, aus welchem Grund das denn nicht gehen sollte, ad absurdum geführt.

Die spielerische Beschäftigung, die sich den SchülerInnen durch die Arbeit am Pythagoras-Blatt bot, wurde weitestgehend angenommen und dessen Bedeutung als Lageplan des Gartens konnte leicht nachvollzogen werden.

4.2.4   Analyse der 4. Unterrichtsstunde

Die Durchführung dieser Stunde hat gezeigt, dass den meisten SchülerInnen die kreative Arbeit am Lageplan des Gartens Spaß gemacht hat und sie den Ehrgeiz entwickelten, den Standort von Alin und Samy im Garten der Unendlichkeit finden zu wollen. Die Textarbeit forderte insbesondere die Neuköllner SchülerInnen heraus, doch erfreulicherweise siegte der Forscherdrang, so dass eine rege Auseinandersetzung mit den Tipps auf dem Hinweiszettel in der Gruppenarbeit stattfand. Ich wurde in dieser Arbeitsphase stark einbezogen und wurde häufig gebeten, Rückmeldungen zu geben, ob die SchülerInnen richtig liegen.

Schwierigkeiten bereitete den SchülerInnen beider Lerngruppen der Aufgabenteil 8b), was möglicherweise mit der Formulierung der Aufgabenstellung zusammenhängt. In beiden Lerngruppen wurde die Lösung dieser Aufgabe im Plenumsgesprächen erarbeitet.

Auch die Fachbegriffe *rechtwinkliges Dreieck* und *gleichschenkliges Dreieck* wurden von den SchülerInnen nicht genannt (Abbildung 4.23, Abbildung 4.24).

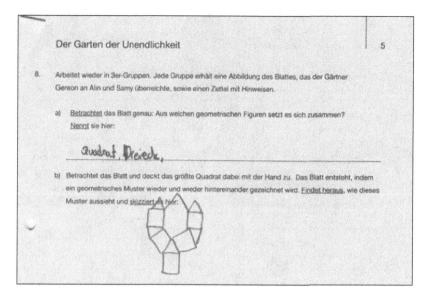

Abbildung 4.23 „Quadrat, Dreieck"

Bei der Bearbeitung der Aufgaben 9 und 10 zeigten die SchülerInnen Kreativität und Einfallsreichtum: Als Gründe, warum die Schritte entlang der Quadrate Q4 und Q5 gleich viele sind, aber die Quadrate auf dem Blatt unterschiedlich groß aussehen, wurde genannt, dass Alin und Samy auch die Länge der Kathete des Dreiecks mitmessen, dass es eine Art perspektivische Verzerrung gibt oder dass sie unterschiedlich lange Schritte machen. In beiden Lerngruppen haben mindestens zwei Teams während der Gruppenarbeit die Lösung gefunden, die auch dem Verlauf der Geschichte entspricht: Die Kinder schrumpfen (Abbildung 4.26, Abbildung 4.27, Abbildung 4.28).

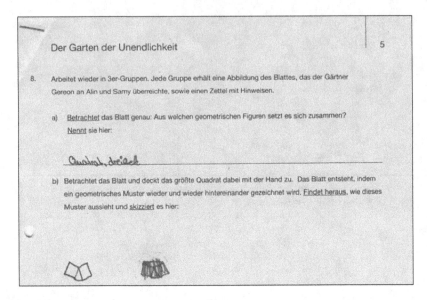

Abbildung 4.24 „Quadrat, dreieck"

Konnten die Ziele dieser Stunde erreicht werden?

Die SchülerInnen konnten sich den Zusammenhang, dass das Blatt des Pythagoras-Baumes dem Lageplan des Gartens entspricht schnell erschließen und entsprechend ihre Arbeit nach der Suche des Standorten der beiden Jugendlichen zügig aufnehmen.

Das Prinzip, nach dem das Fraktal gebildet wird, konnte im Plenum und durch meine Unterstützung entwickelt werden. Den Schülerinnen gelang es, das Prinzip der vielfachen Wiederholung ein und desselben Schrittes zu erkennen.

Die SchülerInnen entwickeln verschiedene kreative Lösungsvorschläge für das Geheimnis des Gartens, einige unter ihnen erkennen den Zusammenhang der Größenänderung beim Fortschreiten im Garten.

Abbildung 4.25 Die farbig bemalten Pythagorasbäume

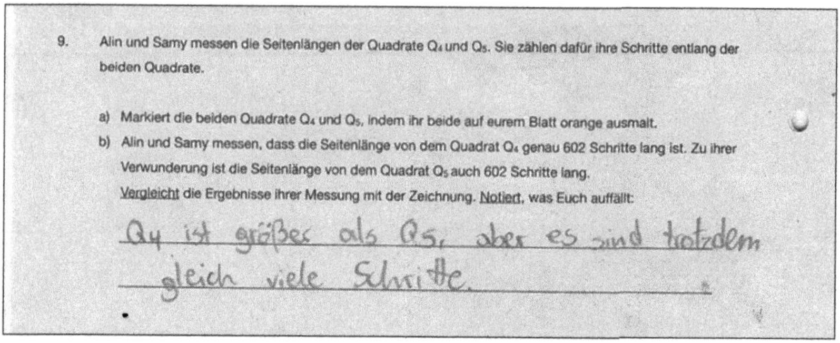

9. Alin und Samy messen die Seitenlängen der Quadrate Q_4 und Q_5. Sie zählen dafür ihre Schritte entlang der beiden Quadrate.

a) Markiert die beiden Quadrate Q_4 und Q_5, indem ihr beide auf eurem Blatt orange ausmalt.

b) Alin und Samy messen, dass die Seitenlänge von dem Quadrat Q_4 genau 602 Schritte lang ist. Zu ihrer Verwunderung ist die Seitenlänge von dem Quadrat Q_5 auch 602 Schritte lang.

Vergleicht die Ergebnisse ihrer Messung mit der Zeichnung. Notiert, was Euch auffällt:

Q4 ist größer als Q5, aber es sind trotzdem gleich viele Schritte.

Abbildung 4.26 „Q3 ist größer als Q5, aber es sind trotzdem gleich viele Schritte."

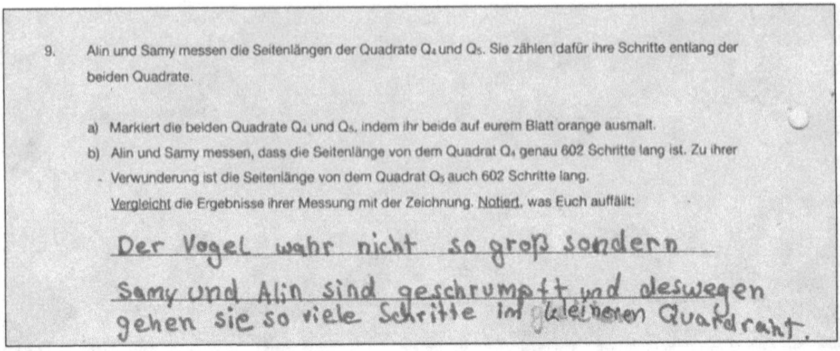

9. Alin und Samy messen die Seitenlängen der Quadrate Q₄ und Q₅. Sie zählen dafür ihre Schritte entlang der beiden Quadrate.

a) Markiert die beiden Quadrate Q₄ und Q₅, indem ihr beide auf eurem Blatt orange ausmalt.

b) Alin und Samy messen, dass die Seitenlänge von dem Quadrat Q₄ genau 602 Schritte lang ist. Zu ihrer Verwunderung ist die Seitenlänge von dem Quadrat Q₅ auch 602 Schritte lang.
Vergleicht die Ergebnisse ihrer Messung mit der Zeichnung. Notiert, was Euch auffällt:

Der Vogel wahr nicht so groß sondern Samy und Alin sind geschrumpft und deswegen gehen sie so viele Schritte im kleineren Quadraht.

Abbildung 4.27 „Der Vogel wahr nicht so groß, sondern Samy und Alin sind geschrumpft und deswegen gehen sie so viele Schritte im kleinen Quadrat."

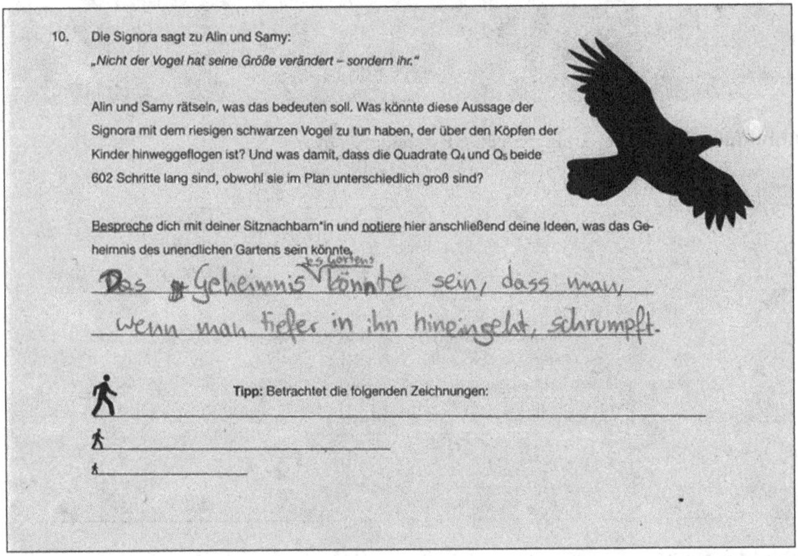

10. Die Signora sagt zu Alin und Samy:
„Nicht der Vogel hat seine Größe verändert – sondern ihr."

Alin und Samy rätseln, was das bedeuten soll. Was könnte diese Aussage der Signora mit dem riesigen schwarzen Vogel zu tun haben, der über den Köpfen der Kinder hinweggeflogen ist? Und was damit, dass die Quadrate Q₄ und Q₅ beide 602 Schritte lang sind, obwohl sie im Plan unterschiedlich groß sind?

Besprecht dich mit deiner Sitznachbar*in und notiere hier anschließend deine Ideen, was das Geheimnis des unendlichen Gartens sein könnte.

Das Geheimnis könnte sein, dass man, wenn man tiefer in ihn hineingeht, schrumpft.

  Tipp: Betrachtet die folgenden Zeichnungen:

Abbildung 4.28 „Das Geheimnis im Garten könnte sein, dass man wenn man tiefer in ihn hineingeht, schrumpft."

4.2.5 Analyse der 5. Unterrichtsstunde

Die SchülerInnen trugen ihre Ergebnisse der Aufgabe 10 zusammen und spätestens zu diesem Zeitpunkt war der Groschen in beiden Lerngruppen gefallen, dass die Kinder in diesem geheimnisvollen Garten ihre Größe verändern. Unmittelbar schloss sich die Frage an, ob sie, wenn sie zurückgehen, auch wieder groß werden.

Die Tatsache, dass es in dem Garten unendliche Teilbarkeit gibt, und er sich nicht unendlich ausdehnt, stößt bei einigen SchülerInnen auf Widerstand: „Wenn ich unendlich laufen kann, muss der Garten unendlich groß werden." kommentiert ein Kölner Schüler seine Irritation. Eine anschließende Diskussion zu diesem Thema zeigte, dass leistungsstarke SchülerInnen an dieser Stelle in der Lage waren, erste Elemente einer Anschauung des Grenzwertbegriffes auszubilden: „Die Kinder laufen also unendlich weiter. Ihre Schritte werden unendlich klein und sie kommen kaum vorwärts, aber das merken sie nicht, weil sie ihre Größe verändern?"

Die Arbeit an ihrer eigenen Koch-Schneeflocke nehmen die Kinder motiviert auf, allerdings ist die Konstruktionsbeschreibung insbesondere für die Neuköllner SchülerInnen zu komplex. Wir klären die Konstruktion im ersten Iterationsschritt vom Übergang vom gleichseitigen Dreieck zum Stern im Plenum.

Die Idee, ausgehend von einer Strecke ein gleichseitiges Dreieck mit Hilfe des Zirkels zu zeichnen, kann niemand in beiden Lerngruppen entwickeln. Eine Neuköllner Schülerin hat einen anderen Vorschlag: „Man halbiert die Strecke, zeichnet die Senkrechte dort ein und misst die fehlenden Seitenkanten so ab, dass sie sich auf der eingezeichneten Mittelsenkrechte treffen."

Da die meisten SchülerInnen trotz Ankündigung keinen Zirkel dabeihatten, werden die Sterne auf diese Weise konstruiert. Die Konstruktion der Koch-Schneeflocke ist wie in den antizipierten Schwierigkeiten angenommen zeitaufwendiger als geplant. Damit genügend Zeit für die Schlussreflexion bleibt, werden die Aufgabenteile c) und d) im Plenum besprochen. Die Vorstellung, dass ein winzig kleines Tierchen nur einen kleinen Teil des Umfangs der Schneeflocke umrunden kann, war für die meisten SchülerInnen nicht schwer nachzuvollziehen. Bei der Frage nach der Fläche gabt es geteilte Ansichten: Einige glaubten, sie breite sich unendlich aus, andere waren der Meinung, sie sei begrenzt. Zur Veranschaulichung zeigte ich eine Schneeflocke nach dem 5. Iterationsschritt – nun wird deutlich, dass sie sich nicht unendlich ausbreitet.

In der Abschlussreflexion zeigten sich viele SchülerInnen nach wie vor skeptisch gegenüber der Idee, dass Alin und Samy in dem Garten unendlich fortschreiten könnten – und er trotzdem nicht unendlich groß ist. Eine Diskussion darüber wird von einigen SchülerInnen nach Unterrichtsschluss fortgesetzt.

Konnten die Ziele dieser Stunde erreicht werden?
Das fiktive Prinzip der „Größentransformtion" im Garten der Unendlichkeit haben die SchülerInnen überraschend schnell erfasst und angenommen.

Die Tatsache, dass unendliches Fortschreiten nicht die unendliche Ausdehnung des Gartens zur Folge hat, irritiert die SchülerInnen wie angenommen. Eine Diskussion darüber kommt in Gang, einige SchülerInnen gelingt es im Gespräch ihre entstandene Irritation aufzulösen.

Fazit

Das Anliegen dieses Projektes ist es, die SchülerInnen mit dem mathematischen Konzept der Unendlichkeit, das auch jenes der unendlichen Teilbarkeit einschließt, vertraut zu machen. Sein didaktisches Fundament besteht darin, entdeckendes Lernen durch das Eintauchen in eine fiktive Erzählung zu ermöglichen. Warum ich der in dieser Arbeit entwickelten Form des entdeckenden Lernens eine solch hohe Bedeutung und ein solch hohes didaktisches Potential beimesse, führe ich in meiner Arbeit ausführlich aus. Die beiden durchgeführten Erprobungen haben mich in dieser Einschätzung bestätigt: Die SchülerInnen fanden – unabhängig von ihrem Leistungsniveau – durch das Vorlesen der Erzählung und dem Entlanghangeln an ihren Geschehnissen mit Begeisterung Zugang zu einem komplexen mathematischen Thema. Ich möchte an dieser Stelle noch einmal betonen, dass sich die eine der beiden Lerngruppen prinzipiell auf einem dem Schultyp und der Altersstufe unterdurchschnittlichen Niveau bewegt, was meine positive Bilanz, die ich in Hinblick auf die Methode *Erzählend Mathematik betreiben* ziehe, verstärkt.

Doch welche Schlüsse kann ich nach den beiden Erprobungen bezüglich meines Unternehmens, die Unendlichkeit zu erforschen, ziehen? Dass eine Einbettung der Auseinandersetzung mit dem mathematischen Konzept der Unendlichkeit in den Mathematikunterricht in meinen Augen sinnvoll ist – und die didaktische Forschung mich in meiner Meinung stärkt – habe ich bereits dargelegt. Diese These zu erforschen würde eine Langzeitstudie nötig machen, weswegen sie an dieser Stelle nur eine begründete Annahme bleiben kann.

S. Kasparek, *Der Garten der Unendlichkeit*, BestMasters,
https://doi.org/10.1007/978-3-658-43677-3

Noch offen ist hingegen die Frage, ob es überhaupt möglich ist, SchülerInnen der Jahrgangsstufe 6 bzw. 7 diese mathematsch komplexen Inhalte nahezubringen. Nach der Durchführung der beiden Erprobungen sehe ich mich in der Lage, diese Frage – selbstverständlich ohne Anspruch auf empirische Allgemeingültigkeit – zu beantworten: Mit entsprechendem Material zur Veranschaulichung der Zusammenhänge und einer offenen, Fehler tolerierenden Grundhaltung im Klassenzimmer ist es möglich, mit SchülerInnen der Jahrgangsstufe 6 bzw. 7 die Unendlichkeit zu erforschen. Hierbei sollte den MathematiklehrerInnen zu denken geben, dass mir die SchülerInnen am Ende der Reihe mehrfach das Feedback gaben, das Projekt habe so viel Spaß gemacht, weil es „kein Mathe" gewesen sei.

Die von mir provozierte und erhoffte Irritation von spontanen Urteilen nach Arbeitsphasen des systematisches Nachdenken ist an verschiedenen Stellen der Unterrichtsreihe bei großen Teilen der Lerngruppen eingetreten, was ich als Hinweis werte, dass bei vielen SchülerInnen ein Prozess des mathematischen Weiterdenkens einsetzte.

Insbesondere die Abschlussdiskussion machte mir deutlich, dass die Fehlvorstellung, Unendlichkeit könne nur in unendlicher Ausdehnung existieren, zunächst intuitiv plausibel und verbreitet scheint. Diese Beobachtung stärkt mein hier vorgestelltes Projekt, da ihm nun die Aufgabe obliegen könnte, diese Fehlvorstellung zu beheben. Einigen SchülerInnen war bereits in der letzten Stunde der Unterrichtsreihe anzumerken, dass sie ihre Skepsis überwinden konnten und die intensive Suche nach der Auflösung ihrer Irritation sie zu einer Erkenntnis über die unendliche Teilbarkeit führte. Bei anderen schien es, sei der gedankliche Stein erst ins Rollen geraten, was ich ebenfalls als einen Teilerfolg bewerte, auf den der zukünftige Mathematikunterricht aufbauen könnte.

Abschließend möchte ich auf den zuvor von mir geschilderten Aspekt eingehen, dass viele Fragestellungen dieser Unterrichtsreihe Initiationsprobleme sind und damit kaum mathematisches Vorwissen voraussetzen. Insbesondere in der Neuköllner Lerngruppe hatte ich den Eindruck, dass es die SchülerInnen mit Stolz erfüllte mit einem solch anspruchsvollen mathematischen Projekt betraut worden zu sein und die Tatsache, dass kaum mathematisches Hintergrundwissen zur Lösung der Aufgaben benötigt wird, die anfängliche Skepsis in die eigenen Fähigkeiten in Freude am Erforschen umwandeln konnte.

Abbildungen

Alle in dieser Arbeit verwendeten Abbildungen (Zeichnungen sowie Fotografien) wurden von der Autorin erstellt.
Berlin, den 3. Juli 2019

Literaturverzeichnis

Aristoteles Werke in deutscher Übersetzung, Band 11, Physikvorlesung, 5. Auflage, herausgegeben von Hellmut Flashar, Akademie-Verlag, Berlin 1989.

Basieux, Pierre: *Abenteuer Mathematik. Brücken zwischen Wirklichkeit und Fiktion*, Spektrum, Heidelberg [5]2011.

Breger, Herbert: *Kontinuum, Analysis, Informales – Beiträge zur Mathematik und Philosophie von Leibniz*, herausgegeben von W. Li, Springer Spektrum, Berlin Heidelberg 2016.

Die Vorsokratiker, ausgewählt, übersetzt und erläutert von Jaap Mansfeld und Oliver Primavesi, Reclam, Stuttgart 2012.

Euklid, *Die Elemente*, herausgegeben und übersetzt von Clemens Thaer, Wissenschaftliche Buchgesellschaft, Darmstadt 1969.

Greefrath, Oldenburg, Siller, Ulm, Weigand, *Didaktik der Analysis, Aspekte und Grundvorstellungen zentraler Begriffe*, Springer Berlin, Heidelberg 2016.

Grieser, Daniel: *Analysis I. Eine Einführung in die Mathematik des Kontinuums*, Springer Spektrum, Wiesbaden 2015.

Haftendorn, Dörte: *Mathematik sehen und verstehen. Schlüssel zur Welt*, Spektrum Heidelberg 2010.

Hoffmann, Dirk W.: *Grenzen der Mathematik. Eine Reise durch die Kerngebiete der mathematischen Logik*, Springer Spektrum, Berlin Heidelberg [3]2018.

Heinz Klippert, *Besser lernen. Kompetenzvermittlung und Schüleraktivierung im Schulalltag*, Klett, Stuttgart [5]2008.

Loos, Sinn, Ziegler: *Panorama der Mathematik*, Springer, Berlin Heidelberg 2022.

Marx, Andreas: *Schülervorstellungen zu unendlichen Prozessen – Die metaphorische Deutung des Grenzwerts als Ergebnis eines unendlichen Prozesses*, in: *Journal für Mathematik-Didaktik*, February 2013, Volume 34, Issue 1, S. 73–97.

Sonar, Thomas: *3000 Jahre Analysis: Geschichte, Kulturen, Menschen*, Springer, Berlin Heidelberg 2011.

Stillwell, John: *Wahrheit, Beweis, Unendlichkeit. Eine mathematische Reise zu den vielseitigen Auswirkungen der Unendlichkeit*, Springer Spektrum, Berlin Heidelberg 2014.

Toennissen, Friedtjof: *Das Geheimnis der transzendenten Zahlen. Eine etwas andere Einführung in die Mathematik*, Spektrum Verlag, Heidelberg 2010.

Waasmeier, Sieglinde: *Mathematik in eigenen Worten. Lernumgebungen für die Sekundarstufe I*, Klett und Balmer Verlag, Baar 2013.

© Der/die Herausgeber bzw. der/die Autor(en), exklusiv lizenziert an Springer Fachmedien Wiesbaden GmbH, ein Teil von Springer Nature 2023
S. Kasparek, *Der Garten der Unendlichkeit*, BestMasters,
https://doi.org/10.1007/978-3-658-43677-3

Winter, Heinrich Winand: *Entdeckendes Lernen im Mathematikunterricht. Einblicke in die Ideengeschichte und ihre Bedeutung für die Pädagogik*, Springer, Wiesbaden 1989, 1991, 2016.

Winter, Heinrich Winand: *Mathematikunterricht und Allgemeinbildung*. In: *Mitteilungen der Gesellschaft für Didaktik der Mathematik* 61 (1995), S. 37–46.

Wörner, Deborah: *Faszination Unendlich – Zum Verständnis eines Unendlichkeitsbegriffs im Mathematikunterricht*, erschienen in: Gilbert Greefrath, Friedhelm Käpnick, Martin Stein, *Beiträge zum Mathematikunterricht 2013. Beiträge zur 47. Jahrestagung der Gesellschaft für Didaktik der Mathematik vom 4. bis 8. März 2013 in Münster*, WTM-Verlag, Münster 2013.

Zorich, Vladimir A.:*Analysis I*, Springer, Heidelberg 2006.

außerdem:

Bildungsstandards im Fach Mathematik für die Allgemeine Hochschulreife (Beschluss der Kultusministerkonferenz vom 18.10.2012), Wolters Kluwer, Köln 2012.

Rahmenlehrplan für Berlin und Brandenburg, veröffentlicht und herausgegeben von der Berliner Senatsverwaltung für Bildung, Jugend und Familie sowie dem Ministerium für Bildung, Jugend und Sport des Landes Brandenburg am 18.11. 2015. Teil C: Mathematik, Jahrgangsstufen 1–10.

Rahmenlehrplan für den Unterricht in der gymnasialen Oberstufe, Mathematik, herausgegeben von der Senatsverwaltung für Bildung, Jugend und Wissenschaft Berlin, gültig ab dem 1. August 2014.

Printed in the United States
by Baker & Taylor Publisher Services